U1008981

2018年度河南省高等学校青年骨干教师培养计划
『新时代中原传统伦理的创新发展研究』（2018GGJS-287）

中原伦理的文化传播与创新发展研究

刘东阳　王留番　赵慧彩◎著

安徽师范大学出版社
ANHUI NORMAL UNIVERSITY PRESS
·芜湖·

图书在版编目(CIP)数据

中原伦理的文化传播与创新发展研究 / 刘东阳,王留番,赵慧彩著.— 芜湖:安徽师范大学出版社,2021.12

ISBN 978-7-5676-5391-7

Ⅰ.①中… Ⅱ.①刘… ②王… ③赵… Ⅲ.①伦理学史-研究-河南 Ⅳ.①B82-092

中国版本图书馆CIP数据核字(2021)第233854号

中原伦理的文化传播与创新发展研究 刘东阳 王留番 赵慧彩◎著

ZHONGYUAN LUNLI DE WENHUA CHUANBO YU CHUANGXIN FAZHAN YANJIU

责任编辑:李晴晴　　　责任校对:陈　艳

装帧设计:丁奕奕　汤彬彬　　　责任印制:桑国磊

出版发行:安徽师范大学出版社

芜湖市北京东路1号安徽师范大学赭山校区

网　　址:http://www.ahnupress.com/

发 行 部:0553-3883578　5910327　5910310(传真)

印　　刷:苏州市古得堡数码印刷有限公司

版　　次:2021年12月第1版

印　　次:2021年12月第1次印刷

规　　格:700 mm × 1000 mm　1/16

印　　张:15.75

字　　数:235千字

书　　号:ISBN 978-7-5676-5391-7

定　　价:56.00元

目　录

第一章　中原伦理的基本概念

何谓中原？何谓中原伦理？中原伦理与中原文化的关系是什么？中原伦理又具有什么样的特征？这些是本章所要解决的问题，也是新时代中原伦理实现创新发展的前提。

第一节　“中原”概念的界定

“中原”是一个变化的概念，古时对“中原”的理解与现在的理解是有着很大区别的。“中原”这一概念的内涵，由对自然地貌的描述到地理意义，再到较为现代意义上的区域划分，经历了一个相当长的历史时期。在先秦及春秋战国时期，其最早为“原野”之意。经过两汉时期的发展，到六朝时期，“中原”一词作为特定地理区域的意义才最终明晰起来，专指黄河中下游的一些地区。近年来，随着国家相关战略的提出和中原地区经济社会的不断发展，更加具有固定区域属性意义的“中原”概念才进一步地明确下来。

一、作为自然地貌的“中原”

“中原”一词最早指一种自然地貌，这种释义出自古人对“原”字的理解，即将“原”字理解为“原野”。史料中关于“原”的释义，存在三种解读。

第一，“原”同“源”。“原”本是一个会意字，其小篆字形像泉水从山崖中涌出来的样子，本意为水源、源泉，是“源”的古字。许慎在《说文解字》中言：“原，水泉本也。”《孟子》中言：“原泉混混”。《淮南子·原道》中言：“原流泉浡”。这些文献明确指出，“原”的本意即为“源”。

第二，“原”延伸为“源本”。由于“原”的本意为“源”，因此，其含义又进一步延伸为“起源”“源本”“根本”“根源”之意等。如《礼记·孔子闲居》中言：“夫民之父母乎，必达于礼乐之源，以致五至而行三无，以横于天下。”《史记·货殖列传》中言：“农不出则乏其食，工不出则乏其事，商不出则三宝绝，虞不出则财匮少，财匮少而山泽不辟矣。此四者，民所衣食之原也。”进而，“原”还可以解释为“原因”等。

第三，“原”延伸为“原野”之意。《尔雅》作为我国古代第一部词典，其中有“下湿曰隰，大野曰平，广平曰原，高平曰陆，大陆曰阜，大阜曰陵，大陵曰阿”的说法，“广平曰原”，形容原野地貌的广阔平坦。《左传·僖公三十三年》载：“武夫力而拘诸原，妇人暂而免诸国。”上述两处中的“原”均可被解释为作为战场的“原野”。

“中原”一词最早见于《诗经·小雅·吉日》，这是一篇描写周宣王田猎与宴会宾客盛景的文章，其中说道：“瞻彼中原，其祁孔有。儦儦俟俟，或群或友。悉率左右，以燕天子。”大意是在漫漫无边的原野中，有很多的野兽，将这些野兽追赶到周宣王附近，以供周宣王打猎。这里的“中原”，即“原野之中”的意思，和现在所谓“中原”没有语义上的联系。

春秋时期的《国语·越语上》有这样一段记载：越王勾践败于吴王夫差，带五千残兵退守会稽，会稽之围解后，面对战争所造成的百姓尸骨累累陈于原野之中的景象，他向百姓谢罪，说道：“寡人不知其力之不足也，而又与大国执仇，以暴露百姓之骨于中原，此则寡人之罪也。寡人请更。”当勾践卧薪尝胆，经过数十年休养生息，逐渐强大起来后，再一次与吴军对垒，为阻止勾践仓促冒进，范蠡劝阻道：“夫谋之廊庙，失之中原，其可乎？王姑勿许也。”这两处的“中原”，仍为“原野、野外”之意。至战国时期，儒家代表人物荀况在《荀子·王制》中讲道："兵革器械者，彼将日日暴露毁折之中原，我今将修饰之，拊循之，掩盖之于府库。"这是荀子关于君王治理天下的建议与想法，其中的"中原"也是"原野"的意思。

在古代典籍中，比较容易混淆的是《孙子兵法·作战篇》中所用的"中原"一词。其是一篇关于战争之前准备、动员、筹划的文章。其中有云："国之贫于师者远输，远输则百姓贫。近于师者贵卖，贵卖则百姓财竭。财竭则急于丘役。力屈、财殚，中原内虚于家。百姓之费，十去其七。公家之费，破车罢马，甲胄矢弩，戟楯蔽橹，丘牛大车，十去其六。"这段话大意为：国家之所以因作战而贫困，是由于军队远征，不得不进行长途运输。长途运输必然导致百姓贫穷。驻军附近处物价必然飞涨。物价飞涨，必然导致物资枯竭，物资枯竭，赋税和劳役必然加重。在战场上，军力耗尽，国内财源枯竭，百姓私家财产损耗十分之七。公家的财产，由于车辆破损，马匹疲惫，盔甲、弓箭、矛戟、盾牌、牛车的损失，而耗去十分之六。这段话中的"中原"，很容易被人们理解为"中原地区"，进而误认为此处是"中原"一词作为地理概念的最早出处。其实，这里的"中原"，主要是针对远征于国外的国家内部地区而言，"中"为中心之意，"原"仍为原野之意，两字合用成为一种泛指，即农业发达国家内部的中心地区。

跨越春秋战国时期，在汉代及以后相当长的一段时间内，在众多的历史典籍中，我们仍可以看到"中原"一词作为一种自然地貌的描述在使用。如司马相如作《喻巴蜀檄》，代表汉武帝对汉使唐蒙的扰民行为进行斥责，其文势气魄，尽显大汉神威，可谓"事昭而理辨，气盛而辞断"。其中名句"肝脑涂中原，膏液润野草"，意为为了传封地于子孙、名扬于后世，贤人君子肝脑涂原野、膏血润野草也不逃避。《汉书·严助传》记载了刘安劝解汉武帝，使之不要进攻南越，其曾说"今方内无狗吠之警，而使陛下甲卒死亡，暴露中原，沾渍山谷，边境之民为之早闭晏开，朝不及夕，臣安窃为陛下重之。"《后汉书·冯衍传》记载了冯衍为王莽大将廉丹谋划是否进攻山东的赤眉军时曾劝说："何与军覆于中原，身膏于草野，功败名丧，耻及先祖哉?"这两处的"中原"皆为"原野"之意。

二、作为地理概念的"中原"

春秋时期，"中原"一词开始作为地理意义上的概念，即作为表示某一区域的名词使用，但这种用法仅散见于为数不多的典籍之中，并未被广泛使用与接受。两汉时期，仍是如此，"中原"仍是作为"原野"之意与地理概念并存。"到了六朝时期，由于西晋王朝覆亡，黄河流域被少数民族占领，大批居民南迁，这些离乡背井的人虽然漂泊在异乡，但仍然时时刻刻不忘故土，因而过去不被人们提起或看重的'中原'开始作为一个地区频频出现在人们的口头上来。"①

"退避三舍"的故事出自《左传·僖公二十三年》，其中就有关于"中原"一词的使用。当流亡到楚国的晋公子回答如何回报楚成王的厚待时，重耳答道："若以君之灵，得反晋国，晋、楚治兵，遇于中原，其辟君三舍。"即待楚成王助重耳返回晋国后，如果有朝一日晋楚两国在中原地区交兵，他将命令全军退避三舍（实际上退让了九十里的距离）。这里的"中原"即是明显的地理意义上的概念。

另据春秋时期另一部重要典籍《国语·吴语》记载，黄池盟会后，吴王夫差返回吴国派王孙苟向周天子报功，说道："昔者楚人为不道，不承共王事，以远我一二兄弟之国。吾先君阖庐不贯不忍，被甲带剑，挺铍搢铎，以与楚昭王毒逐于中原柏举。"讲的是当年吴国先王阖闾为维护周朝天子权威，披甲佩剑，拿起武器，指挥军队，与楚昭王在中原柏举一带展开激战的事情，其中"中原"一词，也是一个明确的地理称谓。但是我们要注意的是，此文中的柏举位于当今的湖北省麻城市附近，虽与河南南部接壤，但其所涵盖的地理区域，与目前我们所常说的"中原"地区并没有太大的相关性。

① 薛瑞泽:《中原地区概念的形成》,《寻根》,2005年第5期,第12页。

魏晋以后，“中原”作为一个地理意义上的概念，才开始被广为接受。如果说“中原”被指称为“原野”，更多是因为“原”字作“原野”解，那么，“中原”成为地理意义上的名词，则与“中”字的解释密切相关。“中”作方向名词解释，即为“中心”“中央”之意，源自以我为中心的政治理念。

三国时期，曹操在洛阳挟天子以令诸侯，洛阳作为全国中心的位置得到凸显，其地理位置的重要意义得到加强。“同时随着社会经济的发展、人们交往的扩大，地名的内容进一步丰富，人们越来越注意到表现地理称谓的原、土、国、州内涵的差异……正是这种社会需要使中原成为地域称谓。”①

在魏晋时期的一些典籍中，“中原”主要是指以洛阳为中心的曹魏势力范围。如诸葛亮在《出师表》中所言：“今南方已定，兵甲已足，当奖率三军，北定中原，庶竭驽钝，攘除奸凶，兴复汉室，还于旧都。”陈寿在《三国志·蜀书·诸葛亮传》中对诸葛亮评价道：“亮之素志，进欲龙骧虎视，苞括四海，退欲跨陵边疆，震荡宇内。又自以为无身之日，则未有能蹈涉中原、抗衡上国者，是以用兵不戢，屡耀其武。”《三国志·吴书·华覈传》中言：“今当角力中原，以定强弱，正于际会，彼益我损，加以劳困，此乃雄夫智士所以深忧。”

这些典籍中所用“中原”一词，其含义均指曹魏势力范围。那么，这个范围该如何界定呢？《晋书·地理志》记载，曹魏行政区划设置先后经历两次变化：“魏武定霸，三方鼎立，生灵版荡，关洛荒芜，所置者十二，新兴、乐平、西平、新平、略阳、阴平、带方、谯、乐陵、章武、南乡、襄阳……而文帝置七，朝歌、阳平、弋阳、魏兴、新城、义阳、安丰。明及少帝增二，明，上庸也；少，平阳也。”其行政区划以洛阳为中心，大体包括今河南、河北、北京、天津、山西、山东，甘肃、陕西的大部分地区，青海、宁夏的一部分地区，以及湖北、安徽、江苏三省长江北部的部

① 王兴亚:《中原地域称谓的由来及其地域范围的嬗变》,《石家庄学院学报》,2015年第4期,第20页。

分地区。由此可见，魏晋时期所言“中原”，其范围远远超过当今我们对“中原”范围的理解。

“二十四史”之一的《晋书》中有多处论述涉及“中原”，其都是指称地理区域意义上的概念。其中所指的地理区域包括两类，第一是指洛阳及其周边区域，甚至专指洛阳。如《晋书·礼志中》：“穆帝永和中，为中原山陵未修复，频年元会废乐。”其中的“中原”就是指洛阳。第二是指黄河流域及北京、辽宁一带。如《晋书·五行志》：“后中原大乱，宗藩多绝。唯琅邪、汝南、西阳、南顿、彭城同至江东，而元帝嗣统矣。”《晋书》中“中原”一词的使用，大都与东晋朝臣面对故土沦丧、表达光复志向有关，如“中原沦没”“中原乱离”“中原丧乱”“中原大乱”“克复中原”“中原无所请命”等。这些词语的使用包含着浓厚的故土情结，反映了魏晋时期“中原”已经被作为一个相对固定的地理单元。这种解释对后世产生了极大影响。1936年中华书局出版的《辞海》对“中原”一词的解释是：“古称河南及其附近之地为中原，至东晋南宋亦有统指黄河下游为中原者。”

因此，在古代，作为地理意义上的“中原”，其范围相当于今日中国的以洛阳为核心，以今日之河南省为主要范围的地区，在北方又包括河南、河北、山东、山西、陕西五省，以及北京、天津等的部分地区。

三、作为文化意义的“中原”

现代意义上的“中原”与“原野”之说再无关联，已经明确成为一种地理意义上的名词，且其解释与古代关于“中原”的释义又有所不同，逐渐明晰、规范。

一般而言，在现在的学术研究成果中，几乎所有关于“中原”的释义大都参照《辞源》，从狭义与广义上对“中原”一词进行解读：狭义的中原，指今河南一带；广义的中原，指黄河中下游地区，主要是河南省。但也有河南省内的中原文化研究学者尝试着对其进行新的界定，如徐光春主编的《中原文化与中原崛起》一书中对“中原”一词进行了三个层面的解读：“中原是一个以河南为中心的相对区域性概念。一个是大概念，就是泛指黄河中下游地区；一个是中概念，主要指黄河中游地区，包括河南、陕西、山西、安徽、山东一部分，湖北一小部分；小概念，特指河南”①。

2012年11月，国家正式批复《中原经济区规划》（以下简称《规划》），其中对“中原”有着更为明确的界定。《规划》中明确指出：中原经济区规划包括河南全境和山西、山东、安徽、河北部分地区，区域面积28.9万平方千米。这种解释与《辞源》中所说的“广义的中原”，以及《中原文化与中原崛起》一书中所说的“大概念”与“中概念”相一致。

本书的核心议题是新时代中原伦理的文化传播与创新发展问题，针对此，我们必须从文化意义层面进行考量，即从作为文化意义的“中原”角度，明确“中原”的文化区域范畴究竟是什么。在明确这个问题之前，我们需要先明确“文化区域”的概念。所谓“文化区域，即一个区域的人们，依赖特定的自然环境和历史人文地理环境，经过长期的文化积淀所形成的具有独特个性的文化区域形态。它的形成过程，既是这个区域文化长期积累的过程，也是与别的文化碰撞和融合的过程”②。中原伦理，就是在这样的文化区域中产生、发展与传播的。

如何界定“中原”的文化区域，笔者认为可以从“中原学”的相关讨论中得到启发。关于“中原学”的相关讨论，2016年，李庚香提出“中原学”概念，此后，“中原学”逐渐成为中原文化研究领域的重要方向。关爱和、王喜成、张新斌、丁素、田宪臣、蔡瑛、李燕燕、汪振军等学者对中原文化进行了丰富而卓有成效的研究。在诸多学者的研究中，较为一致的意见是“中原学”的研究范畴应以广义的“中原”概念为基础，以狭义的“中原”概念为核心进行布局。如宋朝丽、汪振军指出，“中原学”的“研究对象以中原文化为基点，而中原文化以河南为核心，以广大的黄河

① 徐光春：《中原文化与中原崛起》，郑州：河南人民出版社，2007年版，第4页。

② 贾文丰：《中原文化概论》，郑州：中州古籍出版社，2017年版，第22页。

中下游为腹地，逐层向外辐射”[①]。

学术界探讨“中原学”过程中所产生的这些学术成果，给我们从文化意义上理解“中原”以很大启示。据此，笔者认为，作为文化意义上的“中原”，即以河南省为核心，外延至黄河中下游地区。这个区域也是中原伦理形成与传播的主要区域。

第二节　中原伦理与中原文化

道德哲学是伦理学的基石。中原传统伦理是在中原地区几千年文化发展过程中形成、积累和流传下来的为人信条与行为准则，是中原文化价值系统的核心，至今仍影响着人们的行与思。

一、“伦理”释义

关于“伦理”与“道德”的关系，在我国学术界一直存在着较大争议。关于两者关系，笔者认为最主要观点有以下两种。第一种观点认为，伦理与道德属于概念间的同一关系。如罗国杰教授指出：“不论在中国还是外国，‘伦理’和‘道德’这两个概念，在一定的词源含义上，可以视为同义异词，指的是社会道德现象。”[②]倪愫襄教授也指出：“伦理与道德的基础是一致的。”[③]“伦理构成了道德的基础和前提，而道德则成为伦理的载体和形式。”[④]第二种观点认为，伦理与道德属于概念间的属种关系：或是认为“伦理”是属概念，“道德”是种概念，如尧新瑜教授指出，“伦理”是伦理学中的一级概念，而“道德”是“伦理”概念下的二级概念[⑤]；或

① 宋朝丽、汪振军：《构建中原学基本理论体系探析》，《河南社会科学》，2019年第11期，第10页。

② 罗国杰：《中国伦理学百科全书》，长春：吉林人民出版社，1993年版，第16页。

③ 倪愫襄：《伦理学导论》，武汉：武汉大学出版社，2002年版，第8页。

④ 倪愫襄：《伦理学导论》，武汉：武汉大学出版社，2002年版，第9页。

⑤ 参见尧新瑜：《“伦理”与“道德”概念的三重比较义》，《伦理学研究》，2006年第4期，第21页。

是认为“道德”是属概念、“伦理”是种概念，如王冬桦教授所说，“道德与伦理是一种包含关系，即道德的概念包含了伦理的概念”①。

针对上述争议，理清“伦理”与“道德”的关系，是对“伦理”进行释义的基础，也是进行中原伦理研究的前提。但如果想要对“伦理”作出科学严谨的学理性解释，就必须要进行字源、词源追溯，甚至进行中西方哲学的对比研究，这是长期的哲学领域的探讨。这样的方式，虽然是进行概念辨析的必由之路，但笔者认为我们可以尝试从“伦理学的研究对象”这一命题出发，从另一个角度阐明“伦理”这一概念。这样也能为本书的研究提供理论支撑。

在伦理学学术史上，伦理学家基于不同的研究角度对伦理学的研究对象问题作过众多表述，主要观点可归结为四种：

第一种观点认为，伦理学是关于善与恶的科学，伦理学的研究对象是“善”；第二种观点认为，伦理学是“人生理想之学”，是“达到幸福的科学”，伦理学的研究对象是“人生的理想”或“人生的幸福”；第三种观点认为，伦理学的研究对象是“人类的道德行为”或“道德原则和规范”；第四种观点认为，伦理学的研究对象是“道德现象”②。

对这四种观点进行对比分析，我们可以发现，第一种观点突出的是伦理学研究的特点，第二种观点强调的是伦理学与人生的关系，第三种观点抓住了道德活动的某个重要方面，三者均有可取之处，但是从目前学术界的总体倾向来看，支持第四种观点的学者最多、研究成果最丰。将伦理学的研究对象确定为“道德现象”，其涵盖内容最为宽泛，更能科学、完整地表述伦理学研究对象这一问题。当然，严谨而论，伦理学不仅研究道德现象，而且还透过现象，深入研究道德的本质与发展规律。正如张岱年先生在其《中国伦理思想研究》中指出：“伦理学又称人生哲学，即关于人生意义、人生理想、人类生活的基本准则的学说。伦理学亦可称为道德

① 王冬桦:《为伦理与道德的概念及其关系正本清源》,《首都师范大学学报》(社会科学版),2011年第2期,第124页。

② 参见周中之:《伦理学》,北京:人民出版社,2004年版,第6页。

学，即研究道德原则、道德规范的学说。"[1]笔者认为，在这种观点下，"伦理"即"道德"。

既然"伦理"即"道德"，那么"道德"一词又该如何理解呢？在中国典籍中，最早是没有"道德"这个词的，"道"与"德"各有其意。许慎在《说文解字》中这样解释二字："道，所行道也"。"德，外得于人，内得于己也"。"道"，最初指的是道路，后来逐步引申为道理、原则、规范等。如《论语·里仁》所说："朝闻道，夕死可矣。""德"字与"得"字近义，"外得于人"指的是对外行善，使他人受益；"内得于己"，指的是善存心中，身心互得其益。也就是说，"德"可被理解为"有所得"，是践行"道"之后的"所得"。

"道德"二字的合用，最早出现在《礼记·曲礼》中："道德仁义，非礼不成"。但此时的"道德"，还是作为"道""德"两个字分开释义的，即如陈澔在《礼记集说》中注曰："道犹路也。事物当然之理，人所共由，故谓之道。行道而有得于身，故谓之德。"

儒家经典中"道德"一词最早见于《周易》《荀子》。《周易·说卦传》中称："和顺于道德而理于义，穷理尽性以至于命。"《荀子·劝学》所说："故学至乎礼而止矣，夫是之谓道德之极。"《荀子·强国》中言："威有三：有道德之威者，有暴察之威者，有狂妄之威者。"这些文献中"道德"一词的意思是"道""德"二字的合意。

综上，"道"与"德"是两个概念，"道"指行为应该遵循的原则，"德"指行为原则的实际体现。作为一个名词来看，"道德"是行为原则及其具体运用的总称。正如周中之所言：道德是"以善恶为标准的，依靠社会舆论、传统习惯和内心信念所维系的，调整人与人之间以及人与自然之间关系的原则规范、心理意识和行为活动的总和"[2]。伦理，则是一种包括个人伦理、家庭伦理、国家伦理、社会伦理、宇宙伦理在内的道德规范体系，其对一个人的内在情感信念与外在行为方式都提出了严格的要求，

① 张岱年：《中国伦理思想研究》，上海：上海人民出版社，1989年版，第2页。

② 周中之、王正平：《伦理学新论》，上海：文汇出版社，1998年版，第3页。

包含完备的德目，有利于建构起较为成熟完整的道德价值体系。

二、中原文化的相关概念

文化，是相对于政治、经济而言的人类的全部精神活动及其产品。文化具有明显的地域性与时代性，作为地域性的文化，是指一定地域历史遗存、文化形态、社会习俗、生产生活方式等的统称；作为时代性的文化，即随着时代的发展而形成的符合当时社会需求与政治需求的文化。

中原文化是一种典型的地域性文化，结合上文所述，即以河南省为核心、外延至黄河中下游的广大地区的文化。中原文化具有鲜明的历史性，以宋朝南迁为界，中原文化可以分为前后两个发展时期。第一个时期，即宋朝南迁之前，先后有多个朝代在中原建立都城，有多位帝王在中原统治天下，其中，更是有多位皇帝到达嵩山，进行规模盛大的封禅活动，彰显君权神授的正统地位。这一时期，中原地区作为重要的京畿之地，是整个中国社会的政治、经济、文化中心，当时的中原文化代表着当时中国文明的发展方向，是中国社会的主流文化与正统文化，影响力传于四方，扩及中国疆土的大部分地区，甚至影响到东亚地区。

第二个时期，即宋朝南迁之后，“中国”的地理范畴远远超过了“中原”的地理范畴，加之各朝代的都城或南迁或北设，远离中原地区，中国的政治、经济、文化中心也不再处于中原。此时的中原文化，则成为一种典型的地域文化，失去了之前的国家文化的代表意义。但我们必须明确指出的是，这并不意味着中原文化的衰落，而是代表着中原文化作为一种地域文化的回归，并继续迸发着强大的文化活力。

从文化类型的角度来看，中原文化可以分为物质文化、精神文化与制度文化。关于这三种文化类型，张岱年先生曾作如下阐释：“文化之系统可别为三层：第一层曰产业，即生产事业。第二层曰群制，即群体制度。第三层曰学术，即道德学问思想艺术。产业者，即改造外在自然之事业，即利用厚生之实际也。群制者，即人群关系之系统，即立制之实际也。学术者，即对于自然之理解与关于当然之理想，以及表现理想之艺术，即正德致知之实际也。第一层亦可谓之下层，第二层亦可谓之中层，第三层亦可谓之上层。下层乃上层之所本也。上层乃下层之所至也，中层乃居于其中者也。下层譬如木之根，中层譬如木之干，上层则木之花与果也”[①]。

按照张岱年先生的观点，我们可以将中原文化概括为三个层次，即器物文化、制度文化、观念文化。其中，居于核心位置的是观念文化，其次是制度文化，再次是器物文化。此处所言观念文化，是中原文化的根本。也有学者将中原文化作其他形式的分类，如分为十八种文化类型，即史前文化、神龙文化、政治文化、圣贤文化、思想文化、名流文化、英雄文化、农耕文化、商业文化、科技文化、医学文化、汉字文化、诗文文化、宗教文化、戏曲文化、民俗文化、武术文化、姓氏文化等[②]。

精神层面的中原文化，是指中原地区人民群众在长期生产生活实践中所形成的相对一致的价值观念、审美情操、思维方式与社会意识，包括具有中原地区鲜明特征的伦理道德、思想情感、宗教信仰、审美情操、艺术文化等内容。精神文化是中原文化的核心，影响着中原地区的政治、经济、文化的持续发展，在中国传统文化的发展过程中也具有重要作用。

物质层面的中原文化，指的是中原地区人民群众的生产活动方式以及生产产品的总和，是可见、可触、可用的文化类型。无论是存在数千年的各类原始社会遗址，还是历经沧桑仍然存在的古代建筑遗址，以及作为古人生产生活资料留存下来的各类陶器、瓷器等生产生活用具，都代表着中原文化悠久的历史进程。

制度层面的中原文化，既有作为制约古代中原地区人民群众社会生活的各种行为规范，如各类政治制度、各类法制思想、各种制度典籍等，又有作为约束中原地区人民日常行为方式的民俗、风俗、礼俗等。中原文化的制度层面内涵，或出于先秦诸家的思想，或出于约定俗成的规范，或源于生产实践的经验总结等，具有鲜明的中原地区文化特色。

---

① 张岱年：《张岱年全集》（第一卷），石家庄：河北人民出版社，1996年版，第341页。

② 参见徐光春：《文化的力量》，郑州：河南人民出版社，2009年版，第355页。

至此，笔者认为，所谓中原文化，是一种区域文化，是一种以河南省为核心、辐射黄河中下游广大地区的文化形态，是数千年来中原地区精神文化、物质文化与制度文化的总和。

三、中原伦理与中原文化的关系

伦理，是一种包括个人伦理、家庭伦理、国家伦理、社会伦理、宇宙伦理在内的道德规范体系。伦理道德是观念文化的重要组成部分，更是文化系统的核心与精髓。

关于中原伦理与中原文化的关系的理解，可以借鉴学术界有关中国传统伦理与中国传统文化的关系的相关论述。张岱年先生曾这样论述伦理道德与中国文化的关系："在文化传统中，伦理道德是对社会生活秩序和个体生命秩序的深层设计。伦理道德是中国传统文化的核心，也是中国文化对人类文明最突出的贡献之一。"[①]

之所以将伦理道德作为中国文化价值系统的核心，是基于中国古代社会形成的家国一体及宗法制度的组织结构。其实，从一定意义上说，国家起源于氏族，即都是由血缘部落衍生而成。但在中国古代社会，这种因血缘组成的氏族部落组织尤为完备，且对整个中国政治、经济、文化系统的形成具有深远影响。

张东荪之《理性与民主》对中国社会"家国一体"的构制作了形象描述："我尝说中国的社会组织是一个大家庭而套着多层的无数小家庭。可以说是一个家庭的层系（a hierarchical system of families）。所谓君就是一国之父，臣就是国君之子。在这样的属系组织的社会中，没有'个人'观念。所有的人不是父，即是子。不是君，就是臣。不是夫，就是妻。不是兄，就是弟。中国的五伦就是中国社会组织，离了五伦别无社会。把个人编入于这样的层系组织中，使其居于一定的地位，然后课以那个地位所应

① 张岱年、方克立:《中国文化概论》,北京:北京师范大学出版社,2004年版,第210页。

尽的责任。”[①]由此我们可以看出，古代中国社会即是以“君臣”“父子”“夫妇”“兄弟”“朋友”五种伦理关系组织而成的社会，伦理成为当时调节社会生活的基本准则，是规范人际关系的本质基础，亦是个人安身立命应该遵循的道德准则。在这样的社会中，国家组织系统是完备的“家庭—家族—宗族—国家”自下而上的层级结构，个人的道德行为直接影响着国家存在与发展的整体态势，因而社会各个方面均对个人提出了较高层次的道德要求，人们必须严格按照既定的伦理秩序从事生产生活活动，如有违背，则是对伦理的叛逆、对道德的僭越。

宗法制度的核心构成是家长制度。“家长制度者，实行尊重秩序之道，自家庭始，而推暨之以及于一切社会也。一家之中，父为家长，而兄弟姊妹又以长幼之序别之。以是而推之于宗族，若乡党，以及国家。君为民之父，臣民为君之子，诸臣之间，大小相维，犹兄弟也。名位不同，而各有适于其时地之道德，是谓中。”[②]由家至国，由同侪至长幼，皆以伦理为纲，人人以道德自律，层层以“仁”“礼”相规。在宗法制度的“劝引”下，个人身处于重重规范之中，为人处世首先要考虑的是自己的义务与责任，是父慈子孝、兄友弟恭，是“老吾老以及人之老，幼吾幼以及人之幼”（《孟子·梁惠王上》），是“人道亲亲”（《礼记·大传》）。如《礼记·大传》所言：“亲亲故尊祖，尊祖故敬宗，敬宗故收族。”这种宗法制度不仅完善着个人人格、人伦情感与道德追求，而且是中华民族、中华文明生生不息、繁衍创新之根本。

伦理是文化的核心，中原伦理也是中原文化的核心与精髓。中原伦理是在中原地区几千年文化发展过程中形成、积累和流传下来的为人信条与个人行为准则，对中原文化的形成与发展具有非常重要的作用，其精华部分体现着中原人民的伦理信念、道德情操与理想追求，是中原社会前进发展取之不尽的精神养料。

中原伦理之于中原地区数千年社会发展所具有的重要的政治、经济与

① 张汝伦：《理性与良知：张东荪文选》，上海：上海远东出版社，1995年版，第436页。

② 蔡元培：《中国伦理学史》，北京：中国书籍出版社，2020年版，第7页。

文化意义，决定了其在中原文化构成中的核心价值，对中原地区长期稳定、可持续发展发挥着重要推动作用。

所谓政治，是人们在特定的经济基础上，通过掌握并运用公共权力维护特定阶级的权力与利益，处理和协调各种社会利益与要求的社会关系。政治伦理，则是这种政治关系在道德领域的反映，具有鲜明的阶级性与时代性。中原伦理的集体主义精神、德治主义精神、入世主义精神等，以及隆礼重法、贵贤尚和等性格特征，建构起特色鲜明的中原文化中的政治伦理精神，促进了中原地区的长治久安。

所谓经济，是指在一定的生产资料所有制的基础上进行的生产、交换、分配、消费等活动，以及在这些活动中结成的人与人之间的关系。经济伦理，则是指规范与制约这些经济活动的道德准则。中原地区的经济伦理与中原地区长久以来农耕文明的影响有着重要关系，同时中原南部地区的商贾间形成的道德准则也对之形成重要补充，如义利并举、勤俭节约等，这些构成中原地区经济伦理精神的内核，促进了中原地区经济的长期稳定发展。

文化伦理，是一定条件下人民群众共有价值观念、思维方式与理想追求等的总和，告诉了人们真、善、美的价值标准，指导人们如何正确认识人、社会、自然与历史，如何处理与其他社会成员与社会群体的关系。中原地区的文化伦理拥有着朴实厚重的底蕴、古朴仗义的豪情、忠孝信义的标准、豁达宽容的心性与建功立业的追求，引导了中原文化的发展方向。

第三节　中原伦理的区域形态

对中原伦理的共性的总结与归纳，必须以对中原伦理差异化、个性化的分析为基础。作为地理概念的“中原”，主要是指河南省。本书所探讨的中原伦理，也是此意义上的“中原”概念，即以河南省伦理文化为主要对象。

从地理形态上看，河南省北、西、南三面由太行山、伏牛山、桐柏山、大别山沿省界呈半环形分布，中、东部为黄淮海冲积平原，西南部为南阳盆地。正所谓“三里不同风，十里不同俗”，这些绵延高峻的山地、坦荡无垠的平原、连绵起伏的丘陵、山丘环抱的盆地，以及流经河南省境内的黄河、淮河两条河流，塑造着不同区域的不同伦理文化。按照“一山四水”的地理特征，可以将河南省分为嵩山文化区、河洛文化区、黄淮文化区、汉淮文化区与河内文化区；按照新石器文化遗存，可以将河南省分为仰韶文化区、屈家岭文化区、大汶口文化区等。

除了上述类型划分外，贾文丰教授在其主编的《中原文化概论》一书中，以行政区划、地理位置、人文理念、风俗习惯等特征，将中原文化分为“五方”典型区域，即豫中文化区、豫东文化区、豫西文化区、豫南文化区、豫北文化区，此论述成为对中原文化进行差异化分析的典型[①]。本书中遵从并使用贾文丰教授的主张，将中原伦理的区域形态也分为豫中伦理文化、豫东伦理文化、豫西伦理文化、豫南伦理文化、豫北伦理文化五种类型。

一、豫中伦理文化

（一）豫中地理范围与历史文化

豫中地区，地处中原腹地，其在行政区划上包括郑州市、平顶山市、许昌市、漯河市四个地级市。这里历史悠久、文化璀璨，远古时代的灵井文化、裴李岗文化、贾湖文化等都发祥于此。夏商在豫中建都，历史在此传承。在先秦时期，尤其是商代早期，这里就是中国的政治、经济、文化、军事中心，郑州被誉为中国八大古都之一，新郑被称为“黄帝故里”，禹州是禹受封为夏伯之地。及至东汉，汉献帝迁都许都，即今日之许昌，其演绎着“闻听三国事，每欲到许昌”的历史故事。

① 参加贾文丰:《中原文化概论》,郑州:中州古籍出版社,2017年版,第24页。

历史文化古城新郑是豫中地区的历史文化名城，其拥有8000年的裴李岗文化、5000年的黄帝文化和2700年的郑韩文化。上古时期，新郑被称为“有熊”，轩辕黄帝建都于此；帝喾时代，新郑为祝融氏之国。公元前770年，郑国将国都迁到此处，称郑，长达395年。公元前375年，韩国灭郑，又在此处建都，并设郑县，长达145年。公元前221年，秦统六国后，秦始皇为了将其区别于陕西之郑县，改称其为新郑县，从此，“新郑”之名沿用至今，已有千年历史。

新郑拥有着光辉灿烂的历史文化，春秋名相子产、战国思想家韩非、战国著名水利家郑国、汉代军事家张良、唐代大诗人白居易、宋代建筑学鼻祖李诫、元代天文学家许衡、明代名相高拱等历史名人，都在这里流芳千古、光耀史册。裴李岗文化遗址、黄帝故里、郑王陵博物馆、欧阳修陵园、郑韩故城等名胜古迹等更是述说着悠久的历史与曾经的辉煌，成为豫中地区的历史文化印迹。

（二）豫中地区的伦理文化特征

由于独特的区位优势，以及受优秀历史文化的影响，豫中地区的人们笃实敦厚、隆礼重法、中庸尚和、率性洒脱，这也造就了豫中地区的伦理文化特征。

第一，笃实敦厚。豫中平原是一个典型的以农业为主的地区，长期的农耕生产、较为封闭的社会环境，造就了豫中人民笃实敦厚的性格。在这样的社会环境下，安心生产、踏实务农、自给自足是豫中地区人们日常生活的主要方式，将心比心、平等待人、宽容大度是他们为人处世的道德标准，循序渐进、务实肯干、崇尚实践是他们做事的行为规范。因此，豫中地区的人民具有更多的务实性与包容性，拥有质朴的品格和务实的精神。

第二，隆礼重法。对礼与法的重视与遵从，在豫中地区有着悠久的历史。千百年历史文化的熏陶，使“礼”在这片土地上具有重要意义，对后世也产生了深远的影响。韩非子等战国时期法家学派的代表人物，在这里酝酿与传播着法家伦理的精髓与要义，更使这里的群众对法产生了长期的敬畏与遵从。豫中地区作为中原腹地，是真正意义上的礼仪之乡，也是中国数千年历史中礼法最为严苛、政治最为稳定的地区之一。

第三，中庸尚和。豫中地区在相当长的时间内是中国的政治、经济、军事与文化的中心，且位于中原文化传承的中心地带，深受儒道两家思想影响，这里的人们有着相对超然的心态。这种社会环境影响下的豫中百姓，待人处事总是能够保持平和心态，不偏不倚，不极端冒进，也不颓唐沮丧，能够以“中庸”的态度面对生活变化与时代变迁。同时，他们主张以“和”为贵，待人接物讲究“和气”，与人相处讲究“和睦”，价值取向讲究“和谐”，即使与他人发生矛盾，也争取和平相处、和平解决，这也是豫中地区人民性格敦厚的体现。

第四，率性洒脱。率性洒脱看似与“笃实敦厚”的性格特征差别很大，其实，其是豫中地区人民对生活旨向的另一种表达。豫中地区毕竟是中华文明与中原文明的腹地，深受封建礼教的影响，虽然有很多人醉心于权力名誉，消沉于礼教束缚，但是，还是有更多的人，他们不愿压抑自己的本性，坚持追求自我个性，不流于世俗，不媚权贵，洒脱做人，率性做事，即使面对清贫寂寞的生活，也能以苦为乐，不追求功名利禄，不为金钱所累，这种品格显示出了豫中地区人民的自强、自立、自尊、自爱。

二、豫东伦理文化

（一）豫东地理范围与历史文化

豫东，位于河南省东部，地处黄淮平原，其在行政区划上包括开封市、商丘市、周口市三个地级市，以及永城市、兰考县、鹿邑县在内的省直管县（市）。这里历史文化厚重，是华夏文化、东夷文化、荆楚文化交汇融合的中心区，也是中华文化与中原文化的发祥地之一，老子、墨子、庄子、惠子等古代圣贤名人均诞生于此。

开封，古称汴州、汴京、汴梁等，位于河南省东部，中原腹地、黄河之滨，是首批国家历史文化名城。先后有夏朝，战国时期的魏国，五代时期的后梁、后晋、后汉、后周，以及宋朝、金朝在此定都，因此有“八朝古都”之称。这座历史悠久的文化古城孕育了上承汉唐、下启明清、影响深远的“宋文化”。铁塔、相国寺、包公祠、延庆观、禹王台等众多的文物古迹让人品味不尽。白居易在《隋堤柳》诗中写道：“大业年中炀天子，种柳成行夹流水。西自黄河东至淮，绿影一千三百里。大业末年春暮月，柳色如烟絮如雪。”张择端的《清明上河图》真实生动地展现了北宋年间汴河及其两岸在清明时节的生活情景和社会风貌，充分向世人呈现了宋时开封繁华的市井生活。

商丘，位于豫鲁苏皖四省交界，素有“豫东门户”之称，是中国著名的历史文化名城、中华文明的发祥地之一。燧人氏、炎帝朱襄氏、颛顼、帝喾、夏朝、商朝、周朝宋国、汉晋梁国、两宋、金朝等均在此建都，上古时代便有“天命玄鸟，降而生商”的传说。商丘是先商民族的发祥地和活动中心，因商部落居于丘而得名，“商品、商业、商人”由此兴起，商文化在这里形成，自古有“华商之源”的美誉。这里是至圣先师孔子的祖籍，文哲大师庄周的故里。花木兰替父从军的故事在这里流传，张巡热血忠魂的事迹在这里激荡。位列北宋四大书院之首的应天书院，更是为这里续存着千年文脉。

周口，位于河南省东南部，因明清时期沙颍河两岸分布的周家埠口而得名，拥有4500多年的建城史与2300多年的漕运史。周口是中华伏羲文化、龙文化、姓氏文化、道家文化、陈楚文化、农耕文化的发祥地，也是全国闻名的戏剧之乡、杂技之乡、书画之乡，享有“人之祖、史之初、国之根、文之源”的美誉。太昊伏羲氏在此建都，炎帝神农氏在此播种五谷，这里诞生了谢安、谢灵运、曹操、曹植、程颢、苏轼、苏辙等一大批历史名人，他们都曾在周口留下了历史足迹。淮阳太昊陵、鹿邑太清宫、周口关帝庙等历史遗迹的一砖一瓦，都诉说着这里曾经的璀璨与辉煌。

（二）豫东地区的伦理文化特征

与中原其他地区相比，豫东地区在深受道家文化影响的同时，也受其他多家思想影响，这里的人们在多种文化交融的过程中形成更加包容的文化心态，受上述各家思想的影响，这里的人们也更加重视家庭伦理，强调邻里关系，重视勤俭持家的生活习惯，对困苦生活具有更加达观的态度，形成了鲜明的伦理文化特征。

第一，父慈子孝。豫东地区的人们特别重视“大家庭”的生活模式，强调父慈子孝，认为父母要对孩子尽抚养的义务，成年的孩子也要对父母尽赡养的义务。其实，这种家庭伦理在整个中原文化区域内都是备受重视的，但豫东地区对这种传统的遵从更为严格，尤其是在子孙辈对年迈的长辈的赡养方面。在豫东地区，子孙辈是不能让年迈父母独居的，他们必须将长辈接到家中，以“家庭养老”的形式，三代乃至四代同堂，使长辈享受天伦之乐，这种家庭模式才是合乎豫东地区家庭伦理规范的做法。这种传统与中原其他地区儿女成年后与父母“闹分家”是完全不同的。

第二，和睦相处。这里所讲的“和睦”，主要是指邻里和睦。“远亲不如近邻”的邻里关系，在豫东地区尤为突显。尤其是在豫东的乡村，邻里之间的相处是他们日常的主要交际活动。他们认为邻里间应相互照应、相互帮忙，不能因为些许小事影响邻里交情，也不能在日常相处中对于利益得失斤斤计较。邻里之间相处和睦、质朴、随性，也成为当今人们“乡愁”中思乡与怀旧的重要成分。

第三，包容豁达。豫东地区是道家思想的发源地，孔子的祖籍也在此，道家的“无为”思想与儒家的“入世”思想在这里交融。这里也孕育了纵横家张仪，东汉文学家蔡邕、蔡文姬，政治家与军事家谢安、谢玄，还有热血忠勇的张巡、许远忠等。众多思想的融合，形成了豫东地区人民包容豁达的性格。《汉书》曾概括这一地区的民风为：“其民犹有先王遗风，重厚多君子”，其间充满了对豫东地区人民的赞美之情。

三、豫南伦理文化

（一）豫南地理范围与历史文化

豫南，地处秦岭—淮河一线，河南、湖北、陕西、安徽四省交界，其在行政区划上包括信阳市、南阳市、驻马店市三个地级市和邓州市、固始县、新蔡县三个河南省直辖县（市）。这里既有伏牛山、大别山、桐柏山等山脉横亘其间，又拥有著名的淮河平原与南阳盆地，是河南省重要的农业生产基地。豫南地区也是我国南北方的过渡地带，信阳市与南阳市是河南省位于南方的两个地级市，独特的地理位置使这里的风俗文化兼具南北特点，且以南方为主。

信阳，位于鄂豫皖三省交界处，是江淮河汉之间的战略要地，也是一座历史悠久的城市，素有“江南北国、北国江南”美誉。早在8000多年前，其境内淮河两岸就出现了相当规模的原始农业，拥有裴李岗文化、龙山文化和屈家岭文化等。春秋战国以后，灿烂辉煌的楚文化与粗犷大气的中原文化在此交融、发展，形成了厚重豪放、细腻浪漫的豫风楚韵和独具特色的淮上文化风情。

南阳，位于河南省西南部，豫、鄂、陕三省交界地带，因地处伏牛山以南、汉水以北而得名。约四五十万年前，“南召猿人”就在白河上游繁衍生息。夏朝第四代国王仲康，因邓（今邓州市）土地肥沃，气候温和，乃封其子于邓，为邓国。作为中国楚汉文化和三国文化的重要发源地，东汉的开国皇帝刘秀曾在这里发迹，三国时期诸葛亮曾在此地隐居，大商范蠡、科圣张衡、医圣张仲景等众多历史名人都曾在这里出生与成长，这里拥有着璀璨的汉代文明。

驻马店，位于河南中南部，东邻安徽，南接信阳，是中国古代时期重要的交通枢纽，被誉为“豫州之腹地、天下之最中”。这里人杰地灵，文化底蕴深厚，是秦丞相李斯、《搜神记》的作者干宝、抗日英雄杨靖宇等历史人物的故乡。盘古文化、嫘祖文化、梁祝文化、车舆文化等在这里交相辉映，儒家思想在这里久有传承，这里也成为法家思想的传播中心。

（二）豫南地区的伦理文化特征

豫南地区气候宜人、资源丰富，有适宜农业生产的南阳盆地与淮河平原，以及与湖北有千丝万缕联系的“楚风豫韵”，其孕育了既有中原文化特征、又有异地文化特征的豫南伦理文化。

第一，包容开放。多省交界、南北文化交融的地理位置，培育了豫南地区开放包容的文化气度。西周初期中原文化逐渐在这里生根发芽。战国后期，豫南大片土地（以信阳为主）又被纳入楚国疆域，豫南地区人民的生活习惯与文化心理更倾向于荆楚，便是由此时开始。宋元明清之际，这里又融入了吴越文化、徽文化等文化形态，多元文化的碰撞，塑造了豫南地区人民包容开放的文化气度，并由此造就了与中原其他地区有所不同的思维方式与价值取向。

第二，淳朴热情。豫南地区是农耕经济发达的地区，这里降水充沛，物产丰富，除了遭遇极端的自然灾害，在历史上的大部分时候，这里的人们都过着较为富足的生活，因此，他们待人大方自然、为人重信重义。作为中原地区的重要组成部分，这里的人民拥有中原人民普遍具有的厚重与淳朴、好客与热情。

第三，进取入世。多省交界的豫南地区，远离政治中心，如果想要功成名就，就必须具备敢闯的拼搏精神。建功立业、封侯拜相是豫南地区人民群众鲜明的价值追求。因此，这里历来人才辈出，如春秋时期的范蠡，战国时期的春申君，三国时期的魏延，东汉开国皇帝刘秀，汉代的张衡、张仲景等。无论他们是从文、从政、从军、从商，都体现出这里人们一种积极的“入世”倾向。

四、豫西伦理文化

（一）豫西地理范围与历史文化

豫西地区，西接关中、东靠中原、北临黄河、南接蜀汉，地理位置险要，自古以来就是兵家必争之地，其在行政区划上包括洛阳市和三门峡市两个地级市。黄河流经豫西，这里是中华文明的发祥地之一。这里农耕文明发达，滋养衍生出河洛文化、黄河文化、仰韶文化等在内的独特的豫西文化。

洛阳，从中国第一个王朝——夏朝开始，先后有夏、商、东周、东汉、曹魏、西晋、北魏、隋、唐、后梁、后唐、后晋等王朝在此建都，是中国有史以来建都最早、建都朝代最多、建都时间最长的城市。《洛阳赋》中说“普天之下无二置，四海之内无并雄”，称赞的就是唐朝时期东都洛阳的繁华盛况。辉煌的历史孕育了灿烂的文化。“河出图，洛出书，圣人则之”（《周易·系辞上》），伏羲得“河图”而画八卦，夏禹拥《洛书》以制《洪范》。“河图洛书”开中华文明之先河，代表着华夏民族的“根”，是中华民族文明的源头与核心。儒教兴盛于此，佛教首传于此；西汉经学、魏晋玄学、宋代程朱理学皆形成于此；中国“四大发明”中的造纸术、印刷术、指南针诞生于此，这些都在推动中国文明的进程中起着举足轻重的作用。

三门峡，位于豫晋陕三省交界的黄河南部的金三角地区，西接关中，北邻三晋，东守中原，地貌以山地、丘陵和黄土塬为主，素有“五山四岭一分川”之称。黄帝在此铸鼎，老子在此著经，佛教禅宗始祖菩提达摩在此圆寂，仰韶文化、道家文化和虢国文化发源于此。庙底沟遗址，以绚丽多姿的彩陶花纹为旗帜，有力地证明了中华文明的传承有序和源远流长；北阳平遗址群，被誉为黄帝时期中华民族的“首都”，是当时的政治、经济、文化中心；两百多千米长的崤函古道，更是穿越历史的鸿沟，见证着古丝绸之路的辉煌。

（二）豫西地区的伦理文化特征

豫西地区是中华文明的主要发源地，其文化是中原文化乃至中国传统文化的主体。这里的悠久历史与王朝更替留下的文化烙印，丰富的自然资源与宜居的自然环境，共同孕育了该区域独特的伦理文化。

第一，厚重大气。洛阳作为“九朝古都”，以北邙为骨，以黄河为怀，以洛水为乳，雄踞中州。人类文化的始祖伏羲氏曾降服龙马，创造八卦；大运河从这里贯通，连接南北；龙门石窟在这里雄立，傲视天下。悠久的历史和独特的山水赋予了豫西一种无与伦比的磅礴之气。

第二，包容大度。以洛阳为中心的豫西地区，在相当长的历史时期内，是作为中国政治、经济、文化中心存在的。皇家的雍容气度、贵族品质，对豫西人民文化性格的形成产生了重要影响。这里的人们是包容的，诸子百家在此争鸣，道家、儒家、佛教等思想在这里交汇并发扬光大；这里的人们是大度的，有着乐善好施、宽以待人的良好品质。正因洛阳拥有包容天下的气度，各种文化、思潮、观念才能在此碰撞交融，才成就了声势显赫的汉唐雄风。

第三，尊礼重道。西周初年，周公在洛阳制礼作乐。“周礼”是关于等级关系的典章制度与礼仪规定，包括道德和法律等种种行为规范、典礼仪式，以及关于表示身份的舆服、旌旗、宫室、器用等规定。周公认为，一个人的言行举止是否符合礼仪规范，是判定这个人道德操守好坏的标准。这种制度与规范，不仅在当时起到了有效的教化作用，而且形成了豫西地区尊礼重道的伦理文化传统。

第四，从容自信。豫西人民的从容自信的文化性格，既源自千年古都的文化滋养，也来自黄河文化的精神灌溉。帝都的历史、盛唐的气象，孕育着豫西人民雍容华贵的精神气质，培育了他们从容稳重的性格特征；奔腾不息的黄河、大禹治水的传说、人定胜天的民间故事在历史中回响，铸就了豫西人民勇敢、坚定、自信、执着的精神品质。

五、豫北伦理文化

（一）豫北地理范围与历史文化

豫北地区，西依太行山与山西省的长治、晋城交界，北隔漳河与河北邯郸毗邻，东隔黄河与山东省的济宁、菏泽接壤，其在行政区划上包括安阳、新乡、焦作、濮阳、鹤壁、济源六市。豫北地区的主要文化是殷商文化与濮卫文化，其又深受河洛文化、郑韩文化、燕赵文化、三晋文化和齐鲁文化的影响。这里是中华文明的重要发祥地之一，也是南北经济文化交流的必经之路。

安阳，是豫北地区的中心城市、国家级历史文化名城。这里是早期华夏文明的中心，是甲骨文的故乡，《周易》的发祥地，也是红旗渠精神的发源地。先后有商、曹魏、后赵、冉魏、前燕、东魏和北齐七个朝代在安阳建都，这里素有“七朝古都”之称，以及“洹水帝都”“殷商古都”之美誉。这里曾经演绎着巾帼女将妇好、武王伐纣灭商、西门豹投巫治邺、信陵君窃符救赵、民族英雄岳飞抗金救国等历史故事；殷墟、羑里城、颛顼帝喾二帝陵、小南海原始人类遗址、北齐石窟和灵泉寺的石窟，以及曹操高陵和袁林的神秘陵寝，揭示着尘封的岁月，彰显着这里曾经的辉煌；片片甲骨与尊尊青铜器，尤其是厚重的后母戊鼎，更是诉说着人类文明起源的秘密。

（二）豫北地区的伦理文化特征

绵延千里的太行山，以及王屋山、云台山、林虑山等赋予了豫北地区人民山一般的厚重性格；黄河、海河两大河流，赋予了豫北地区人民壮阔的胸怀；古时频仍的战争，强化了豫北地区人民斗争与拼搏的精神，塑造了他们任侠与仗义的豪情。加之深受燕赵、三晋等文化影响，这些共同塑造了豫北地区独特的伦理文化个性。

第一，精忠爱国。从古至今，豫北地区流传着众多的精忠爱国的故事。

殷商时期的忠臣比干被誉为“忠烈公”，宋代的名将岳飞被誉为“民族英雄”，他们都是精忠爱国的典型代表。受此影响，这里的人们更爱家、更恋家，更具有家国情怀。作为中原地区的北大门，豫北地区自古多战乱，经济欠发达，“保家”与“卫国”在这里是一体的，每当异族入侵，这里的人们总是义无反顾，在“保家卫国”的大旗下，抒写着精忠爱国的感人故事。

第二，尊儒尚法。儒家与法家的思想，在豫北地区广为传播。孔子周游列国宣传仁学，就是从卫国开始的。孔子的弟子中，子贡、琴牢等都是豫北人。法家的代表人物商鞅出生在现安阳的内黄县，法家思想在这里深受人们重视。因此，豫北地区的人们重礼仪、守规矩、重传统、讲秩序。

第三，好气任侠。受燕赵文化影响，豫北地区的人们具有鲜明的古朴仗义、好气任侠的性格特征。他们性情耿直、敢闯敢拼、胸怀宽阔、颇具古风。《史记·货殖列传》记载：“濮上之邑徙野王，野王好气任侠，卫之风也。”《史记·刺客列传》所记载的五大刺客，刺杀韩相侠累的聂政、刺杀秦王嬴政的荆轲，都是这一地区的人。同时，这里人们重情感、讲义气，讲究“滴水之恩，涌泉相报”，甘愿为朋友两肋插刀。

总之，豫中、豫东、豫南、豫西、豫北五地区的伦理文化类型，是基于其差异化的地域文化发展而成，相互之间既有着明显的差异，又有着一定的联系，它们共同塑造了中原伦理的多元文化的特质，建构起中原地区鲜明的文化性格与伦理特征。

第四节　中原伦理的历时形态

中原伦理是中原文化的核心组成部分，是中原精神文化的集中表征。“中原历史文化不同于齐文化、巴文化等地域文化，也不是一般的‘时代文化’或‘王朝文化’，如‘先秦文化’与‘夏文化’、‘商文化’、‘周文化’等，而是中国古代文明形成与早期发展时期的社会主导文化。”[①]从历

① 刘庆柱、韩国河：《中原历史文化演进的考古学观察》，《考古学报》，2016年第3期，第317页。

时的角度来看，中原文化经历了地域文化—国家文化—地域文化的演变历程。相对应的，中原伦理也经历了地域伦理—国家伦理—地域伦理的形态演变。中原伦理的历史传承与历时演变，对中国伦理的发展与变化有着极其重要的影响。

一、远古及夏商周时期："天下之中"的地域伦理

在中国古代社会，中原又称中土，这是相对于东夷、西戎、南蛮、北狄而言的，在华夏大地上处于"天下之中"的位置，并与"四夷"一起共同构成"天下"。中原地区拥有着得天独厚的资源优势，具有在远古时期与上古时期成为文化核心地区的独特优势。这里山川平原相间、河流密布，水源丰富、土壤肥沃，便于农业生产，利于生活稳定；有丰富的动植物资源，为这里的人们提供了丰富的生产生活资料。这样的自然环境优势使中原地区较早形成了文明程度更高的地域文化与伦理规范，并昭彰其在文化上的强大吸引力、聚合力与向心力。

在远古时代，中原地区便孕育出了一定的文明成果。许昌灵井、安阳小南海、新密李家沟等考古遗存，证明了早在旧石器时代晚期到新石器时代早期，这一地区生产生活就十分活跃了。在新石器时代中期，环嵩山区域就形成了裴李岗文化聚落群，其以嵩山为中心，遍及河南全境，从现存考古遗迹中我们可以发现其周边地域文化发展繁荣，如关中的老官台文化、环泰山地区的后李文化、浦阳江流域的跨湖桥文化等，这彰显了中原文化作为区域文化的强大聚合力。

同时，初具形态的以裴李岗文化为代表的中原文化与中原伦理，有着极强的包容性与适应能力，促进了不同地域、不同文化间的交流与融合，在山西、陕西、山东、湖北等地的文化遗存中，都能够看到裴李岗文化的影子。在裴李岗文化基础上发展起来的仰韶文化，也不断与不同地域文化进行着互动，并对其产生一定影响，在此过程中形成了早期的"华夏文化圈"。此后，在仰韶文化晚期，不同地域文化在中原地区实现了汇聚与融

合，如东方大汶口文化的西进、南方屈家岭文化的北渐等，这些文化的汇聚与融合塑造着有容乃大、具有强凝聚力与向心力的中原文化，进一步促进了中华文明与早期国家在中原地区的形成，“天下之中”的地域文化与伦理形态初现端倪。

约公元前2070年，夏朝建立，中原地区率先进入文明时代。夏朝的政治中心为环嵩山地区，现在考古中发现的王城岗遗址、二里头遗址都是夏王朝都城遗址。在这些遗址中我们不仅发现了规模宏大的都城遗存，还发现有宗教祭祀活动的痕迹，以及大规模的手工业作坊遗迹。夏朝之后的商朝，其都城遗址也都在中原地域之内，形成了以中原为中心、辐射周边的新的王朝。在殷墟发现的甲骨文，产生于商朝晚期，是中国最早的成熟汉字，也是华夏民族的核心文化基因，象征着一个王朝兴盛的历史。

在夏商时期，中原地区无论是在地理位置还是政治影响等方面，都始终处于重要地位。中原文化也不断与其他地域的文化进行交流与融合，在此过程中，其文化优势不断彰显。

西周时期，在周公的主持下，开始建造以洛邑为都城的周朝，洛阳成为西周王朝东都之所在，洛阳再一次在政治与文化上确立了“天下之中”的地位。同时，为加强地方统治，西周王朝先后分封卫、鲁、晋等诸侯国，这些诸侯国主要集中在黄河中下游地区，即中原地区。这一时期也是中原伦理发展的重要时期。周公为维护王朝统治，在中原地区率先发展并推广了“周礼”。三门峡虢国墓地遗址发掘出的列鼎、编钟、编磬，以及墓地中墓主使用的覆面、玉衣的礼制等，无不显示着伦理制度在这一时期初步形成。

春秋战国时期，中原地区是东周王室的“京畿”所在地，也是晋、卫、郑等姬姓诸侯国的势力范围。该地区的政治、文化发展代表了当时的最高水平。老子、孔子、孟子、庄子、墨子、韩非子等思想家，也在中原地区广为奔走，或传播思想，或施展抱负，如孔子问道老子、孟子大梁授业、孔子“客居”卫国十余载等。极具包容性的中原地区，吸纳着多种伦理思想文化在这里交流与对话。这里具有的先进的手工业技术、稳定的农业生产水平，为文化的发展奠定了良好的经济基础，并造就了周代礼制文化的繁荣，形成了中原地区在政治上与文化上（包括伦理文化）“天下之中”的核心地位，进而使其成为当时四方羡求与学习的榜样与模范。

二、汉唐宋时期：“鼎立中原”的国家伦理

秦汉时期，政治上高度统一，以汉族为主体的中华民族逐渐形成，封建文化与伦理秩序得以确立。从秦汉到北宋，中原地区一直是以汉族为主体的中华民族活动的中心地区，其发展代表着中国历史的发展走向，这也使中原文化与中原伦理从地域层面上升到国家层面。

两汉时期，中原地区是全国的政治、经济、文化中心，洛阳作为中原地区最大的城市，也成为政治统治的重要表征。西汉晚期，洛阳已经发展成为当时中国最重要的城市，与邯郸、宛、临淄、成都并称五大都市，且仍居于“天下之中”的核心位置。从东汉开始，洛阳更是成为东方世界的经济中心，如《后汉书·仲长统传》记载：“船车贾贩，周于四方，废居积贮，满于都城。”《三国志·魏书》也记载：“其民异方杂居，多豪门大族，商贾胡貊，天下四会。”北魏孝文帝迁都洛阳后，实施汉化政策，鲜卑文化逐渐融入中原文化，这进一步彰显了中原文化强大的包容性与吸引力。北魏洛阳城外建立有“四通市”，其是在其周边的“四夷馆”“四夷里”的基础上设置的，这表明当时洛阳已经发展成为国际大都市。《洛阳伽蓝记》曾记载其盛况：“自葱岭以西，至于大秦……乐中国之土风，因而宅者，不可胜数；是以附化之民，万有余家……天下难得之货，咸悉在焉。”而在隋唐时期，洛阳城作为东都，其地位甚至超过了长安。中原地区的文化与伦理，已经成为“国家文化”与“国家伦理”的直接体现。

中原文化在中国文化中居于主体地位，在道教、佛教与中原地区的关系中也可以得到印证。道教产生于东汉至魏晋南北朝时期，在道教早期发展的过程中，中原地区是道教的核心之地。嵩山道教的最大建筑中岳庙中，保留着一块北魏时期的《中岳嵩高灵庙碑》，其中记载着：“夫中岳

者，盖地理土官之宫府，而上灵之所游集，四通五达之都会也。”约东汉明帝时期，佛教教义也传入洛阳，佛教早期代表性寺庙白马寺也是修建于这一时期。到了北魏时期，佛教在中原地区出现了第一个发展高峰，那时洛阳城内修建了大量的佛教寺庙，尤以永宁寺地位最为显赫。从当时寺庙的建筑布局与元素设计可以看出，佛教在中国的传播经历了较多本土化的过程，这是在中原文化（国家文化）框架下的本土化，也进一步反映了中原文化的包容性，以及中原文化成为国家文化的表征。

中原文化与中原伦理之所以能够成为国家文化与国家伦理，与中原文化的根源性、主体性与包容性的文化特性是分不开的。中国远古文化起源于中原，儒、道、墨、法等诸家也都起源或发展于中原，科技、文字的发明都与中原存在着较大的关联，因此，中国早期的政治、军事、经济、文化等各个层面的发展，都可以在中原文化里找到自己的“根”。这种根源性，既保证了中原文化与中原伦理的持续创新，又使其表现出极强的包容性。

在汉唐宋时期，与东吴文化、巴蜀文化等地域文化一样，中原文化虽仍然是一种地域性的文化，但实际上，其代表着中华文化的主流。在汉唐宋时期，在中国古代王城的东西轴线上，洛阳是一个关键的地点。当王朝以西安或开封为中心时，洛阳仍然能够保持着“东都”或“辅都”地位不动摇；而当王朝以洛阳为中心时，西安或开封的地位则大大减弱。这也是中原文化与中原伦理正统性的体现。

中原文化的包容性，体现在其能够汇集百家于一体上。早在远古时代，中原文化就与周边文化不断交融。中原文化以“海纳百川”的姿态，不断吸收着各民族文化的优秀成分，不断充实自身的物质文化、精神文化与制度文化，不断提升与体现着自身文化的先进性，展示出“国家文化”与“国家伦理”的包容气度。

三、宋元明清时期：“沿袭基因”的地域伦理

南宋时期，其都城先迁应天府（今河南商丘），再迁临安府（今浙江杭

州)。南宋之后，各朝基本上都是以北京为都城。至此，中国古代的“国家中心”实现了由南至北的转移，并延续至今，中原地区也失去了政治、经济、文化的中心地位。此时的中原文化与中原伦理，失去了作为“国家文化”与“国家伦理”的政治、文化根基，再一次成为典型意义上的地域文化与地域伦理。

李庚香教授在其《中原文化精神》一书中曾深刻指出了南宋时期中原文化衰落的总体特征：1.供给文化机体能量的源泉，已消耗殆尽。2.作为一种体系的文化结构遭到破坏，‘存天理、灭人欲’直接毁坏了夏商周中原文化构成的礼、乐平衡结构。3.文化创造能力消散，重复和模仿占据主流。4.社会对文化的兴趣日益衰落[1]。

其实，分析中原文化与中原伦理失去其中心地位的原因，除了北方游牧民族入侵、王朝都城迁移等因素，经济转型也是一个重要的原因。虽然中原地区也有过商品经济较为发达的辉煌时期，但总体而言，这一地区主要以农耕经济为主，中原文化与中原伦理也是建立在农耕经济基础上的。农耕经济内部存在着难以调和的矛盾，即自我封闭、缺少变通、僵化发展。宋代之后特别是进入明代，中国商品经济开始萌芽，农耕经济向商品经济的转型已成不可逆转之势，在此情况下，以农耕经济为土壤的中原文化与中原伦理失去了其赖以生存的根基而逐渐没落下去。

同时，我们更要明确的是，即使中原文化与中原伦理失去了国家文化与国家伦理的中心地位，但经过数千年历史文化的积淀，具有中原印记的文化与伦理，早已成为中华民族精神构成中的强有力的基因，不仅在历朝历代的统治者那里继续被重视，成为中古时代中辽金元明清等王朝所承袭的中华民族的“根文化”，而且经历数千年的沿袭与传承，会继续对中华文明发挥重要的建构作用。

---

① 参见李庚香:《中原文化精神》(上),郑州:河南文艺出版社,2007年版,第155页。

第二章 中原伦理的深度阐释

在明确中原伦理的基本概念之后，本书将从思想根源、基本内涵、核心精神及典型特征等方面，对中原伦理进行深入阐释，明确其具有历史传承价值的核心特质，以及其在新时代所具有的道德规范意义与社会教化价值。

第一节 中原伦理的思想根源

中原伦理作为中原文化的核心与精髓，数千年来在中原地区传播、流衍。随着自然环境与经济环境的变化，政治环境与意识形态的更替，以及时代发展、社会发展需要的变化等，中原伦理始终处于一种动态变化之中。但在这种变化之中，中原伦理的精神内核始终未变。数千年前既已存在并发挥着重大影响的诸子百家伦理思想对中原伦理始终发挥着“固本”与“塑形”作用，至今仍对中原文化乃至中国文化的发展具有深远影响。

在诸子百家伦理思想中，对中原伦理具有重要“固本”与“塑形”作用的，主要有道家、儒家、法家与佛教的伦理思想。“道家发端于中原，儒家见用于中原，法家原生于中原，释教首先落脚中原。”[①]因此，这四类伦理思想与中原伦理具有密切的关系，并最终成为中原伦理的思想根源，

① 王保国：《论中原文化道、儒、法、释思想内核的形成》，《华北水利水电学院学报》（社科版），2006年第4期，第12页。

构成中原伦理的思想价值体系。它们不仅规定了中原伦理的核心内涵，也确保了中原伦理在数千年间中原地区朝代更替、经济文化的兴衰中，仍然保持着相对的稳定与独立，终而成为一种极具影响力的文化伦理形态。

一、道家伦理

（一）道家伦理与中原地区的关系

道家将宇宙之根源视为“道”。他们认为“道”是一种超越时空的存在，是宇宙万物的本体。如《道德经》第二十五章所言：“有物混成，先天地生。寂兮寥兮，独立不改，周行而不殆，可以为天下母。吾不知其名，强字之曰‘道’，强为之名曰‘大’。”亦如《庄子·大宗师》所言：“夫道，有情有信，无为无形，可传而不可受，可得而不可见；自本自根，未有天地，自古以固存。”而他们探究宇宙根源的目的，在于谈论天道以证得人道。因此，道家思想是由“道论”与“德论”两部分构成的，在道家看来，得“道”之人，即可谓之“德”，“德”是得“道”的结果。

为了能够得“道”，达到“德”的境界，道家在为人处世方面提出了自己的行为准则，也就是符合道家要义的伦理道德原则。老子在《道德经》第六十七章中说：“我有三宝，持而保之。一曰慈，二曰俭，三曰不敢为天下先。”这“三宝”，也就是慈柔、俭束、不争，这是道家的重要伦理道德准则。其中，慈柔居于首位。慈柔之德，可谓道家伦理之精要；俭束与不争，成为慈柔之德的重要补充。

先秦诸子的伦理思想中，道家思想与中原伦理有着较为密切的关系。这是由于道家的三位代表人物老子、庄子、列子的故里与活动区域，都集中在中原地区。老子是春秋时期的陈国人，即当今的河南省东部地区；庄子是战国时期的宋国人，出生地位于今天的河南商丘；列子是战国时期的郑国人，即今河南省郑州人。这三位道家先驱与代表人物，都是地地道道的河南人。

中原地区为什么能够孕育出道家思想呢？这与中原地区优越的地理条件密不可分。古代中原地区，土地肥沃、气候湿润，广阔的冲积平原非常适合农耕经济的发展，这也促进了具有农耕文明核心特征的中原文化的发展。这种自给自足、以耕作者的个体劳动为核心的农耕文明，很大程度上与道家所追求的“小国寡民”的理想社会存在模式相吻合。同时，道家所强调的“无为”，也来源于农耕文明下中原地区相对封闭、与世无争的生产生活状态。因此，道家文化发端于成熟的农耕文明，传播于广袤的中原地区，契合与印证了古代中原人民的自给自足、与世无争的社会文化心理。

与此同时，产生于中原地区的道家文化，也对中原文化的发展产生了重要的影响，成为中原文化与中原伦理最为重要的思想根源。道家的伦理思想根源于原始社会时期流传着的朴素道德。老子始终幻想人类社会能回复到原始状态中去，即小国寡民，“鸡犬之声相闻，民至老死不相往来”（《道德经》第八十章）。他提出“道”是万物的本源，认为道的本质是听任万物的自然变化，不由人去横加干涉。“道”不是实在的物质，而是“无”，“天下万物生于有，有生于无”（《道德经》第四十章）。老子又说：“道生一，一生二，二生三，三生万物。”（《道德经》第四十二章）这里所说的“一”为元气，是原初的物质。这种思想既是道家“无为而治”政治思想的来源，也是道家“天人合一”哲学思想的来源，又使道家思想具有了坚韧的一面。中原文化最强调中庸、稳定，强调“天人同体”“人副天数”，强调坚韧不拔、勇毅力行，这些中原文化与中原伦理的特质，其实也是受道家思想的影响，有着明显的道家伦理特征。

（二）道家伦理的基本内涵

在中国传统文化中，儒家思想长期被奉为正统，道家思想则被作为儒家思想的重要补充。而在中原伦理的形成和发展中，道家伦理的影响更为直接，是早期中原伦理的重要来源。其中，虚怀若谷的道德境界、宽容谦逊的道德品格、恬淡淳朴的道德品性、无私不争的道德风尚、内外兼修的道德情怀，至今仍对中原人民的生产生活产生巨大影响。

第一，虚怀若谷的道德境界。

道家伦理思想特别讲究“虚”与“静”，其中“虚”是一种精神状态，“静”是指不受外界干扰，如“致虚极，守静笃”（《道德经》第十六章）。“致虚极”指的是心中一片空明，没有一丝杂念，“空”到了极致。“守静笃”指的是不受外界干扰，静心思考，用“心”去体会，用“气”去做感应，在虚静中保持自己的自然本性，对外界事物作出冷静客观的决策。“虚怀若谷”即要做到“致虚极”，才能心神安稳，在一片虚空宁静之境参道悟道，以至于得道；一个人也只有“致虚极”，才能不计较个人利害得失，容纳万物。

第二，宽容谦逊的道德品格。

道家思想充满了宽容谦逊的美德。如《道德经》第五十一章所言：“生而不有，为而不恃，长而不宰，是谓玄德。”这句话的意思是生养了万物而不据为己有，养育了万物而不自恃有恩，引导了万物而不作主宰，这就是最深远的“德”。再如《道德经》第四十二章所言：“自见者不明，自是者不彰，自伐者无功，自矜者不长”，意思是自逞己见的人往往得不到彰明，自以为是的人往往得不到显昭，自我夸耀的人最后都没能建立起功勋，自高自大者是不能做众人之长的。其从反面论述了自高自傲的负面效果。“是以圣人为而不恃，功成而不处，其不欲见贤”（《道德经》第七十七章），意思是：因此，有道的圣人有所作为而不占有，有所成就而不居功，他是不愿意显示自己的贤能。这告诫人们要坚守谦逊的美德。

第三，恬淡淳朴的道德品性。

反对争名夺利、追求淳朴自然的生活是道家伦理的重要特色。老子云：“见素抱朴，少私寡欲”（《道德经》第十九章）。“素”是指没有染色的丝，“朴”是指没有雕琢的木。“见素”即认识到世界单纯自然的本来面目，摒弃人为雕饰；“抱朴”则是指内敛光华，坚持淳朴的品质。道家认为，由“道”而来的自然德性，是最为完美和珍贵的。我们要坚持“道”所体现出来的质朴的要求，保持这种淳朴的品性，并以此作为待人接物的根本。《道德经》第三十八章也言："大丈夫处其厚，不居其薄；处其实，不居其华。故去彼取此。"其意为大丈夫做事厚道而不刻薄，处理事务实在而不虚浮，所以要取厚道，去虚浮。

第四，无私不争的道德风尚。

《道德经》第八章中言："上善若水，水善利万物而不争，处众人之所恶，故几于道。"意思是最美好的品格，最高尚的情操，应像水一样。水滋养万物、造福万物却与世无争，水总是处于人们所不愿处的地方洁身自好，故最接近美好境界，符合自然法则。表面看来，水是柔弱的，却可以"滴水穿石"，任何事物都无法抵挡水的渗透。水又是万物生长之必需，滋润万物，却不与万物争利，又由于水的不争，"故天下莫能与之争"（《道德经》第六十六章）。"上善若水"是道家所坚持的至高的美德与最高的智慧。这是道家所强调的柔弱不争的处世之道，是一种高尚无私的道德品质。

第五，内外兼修的道德情怀。

道家是最讲究内外兼修的，如《庄子·天下篇》中所说："是故内圣外王之道，暗而不明，郁而不发，天下之人，各为其所欲焉，以自为方。""内圣外王"是道家所追求的一种理想人格，其主张通过内在的道德修养与精神修养，以及外在的对礼法与制度的遵从，内外兼修，从内外两个方面，树立最高的人格标准。同时，我们从其中也可以看出，道家并不是一味地消极避世，其也有出世济世的抱负，正如《庄子·逍遥游》中的鲲鹏，就是道家远举之志的表达，而其志向的实现也是要以"内圣外王"作为基础的。

二、儒家伦理

（一）儒家伦理与中原地区的关系

儒家伦理源自周朝的礼乐传统，其重视家族伦理，提倡教化仁政，注重人的品德修养，强调"仁"与"礼"的相辅相成，富有入世思想与人文主义精神。自西汉以来，儒家伦理对中国乃至东亚国家如日本、韩国等的文化发展都产生了重要影响。与道家的“出世”“无为”相比，儒家的入世思想更具有积极的社会建构意义，其对封建王朝经济的发展与政权的稳固有着更为重要的思想引领作用。因此，当中原地区政治稳定后，统治阶级为进一步维护封建统治，儒家伦理思想便成为政治统治的工具。

学术界一般认为，儒家思想由孔子创立，在孟子那里得到延续发展，荀子时期集其大成，被认为是典型的齐鲁文化的代表。儒家思想与中原文化也存在重要的历史关联，中原地区既是儒家思想的发源地之一，也是儒家思想流传、发展的主要地区。

首先，中原地区是儒家思想的发源地之一。学术界许多学者对这一观点持认可态度，如王保国在《论中原文化道、儒、法、释思想内核的形成》一文中有过充分论述：“回顾历史，我们可以看到，儒家文化有两个发祥地，一个是河洛地区，代表人物是周公；一个是齐鲁地区，代表人物是孔子”[①]。陈隆文在《中原与儒家思想的形成》一文中也指出：“以河洛为核心的中原地区对于儒家思想的形成产生过重大作用。西周初年周公在洛邑‘制礼作乐’奠定了儒家思想的基础，周公思想为孔子创建儒家学派提供了基本资料，并且规定了儒家学派未来的发展方向，中原河洛大地与邹鲁一样都应被视为中国儒家思想的起源地。”[②]

论及河洛地区与儒家思想的渊源，则必须从“河图洛书”说起。《易·系辞上》记载：“河出图，洛出书，圣人则之。”上古时期传说言，伏羲时期，在现洛阳孟津县境内的黄河某处，有龙马背负“河图”浮出水面，人们将其献给伏羲。伏羲研究之后，据此演绎成八卦，其也是儒家经典《周易》的来源。大禹时期，现洛阳洛宁县境内的洛河中有神龟背负“洛书”出水，人们将其献给了大禹。大禹根据“洛书”记载的方法，治水成功，又据此书将天下划分为九州，制定了治理社会的“九章大法”，后流传下

① 王保国：《论中原文化道、儒、法、释思想内核的形成》，《华北水利水电学院学报》（社科版），2006年第4期，第13页。

② 陈隆文：《中原与儒家思想的形成》，《河南社会科学》，2017年第1期，第117页。

来被记入儒家的另一部经典《尚书》之中。这两幅中国古代的神秘图案蕴含着丰富的政治、哲学思想，凝结着中国古代劳动人民超凡的智慧，是中华文化、阴阳五行术数之源，也是儒家思想的产生依据和哲学基础，其被视为中华文化的起源。

儒家的创立者孔子的很多思想都是来源于周公。周公辅佐周武王伐商、平定内乱、制礼作乐，不断巩固周朝统治，不仅是伟大的政治家、军事家，更是伟大的教育家、思想家、文学家。周公思想中对孔子产生最大影响的是他所倡导的“礼”“乐”思想。《周礼》中记载的“礼”包括五类，即用于祭扫鬼神的“吉礼”，用于丧葬凶荒的“凶礼”，用于朝聘接待的“宾礼”，用于战前动员、鼓舞士气的“军礼”，用于饮宴婚冠的“嘉礼”。周公之“乐”是文明的象征、权威的标志，他主张在不同场合使用不同的音乐，不同音乐间存在着严格区分，不可滥用。“礼”强调的是“别”，即所谓的“尊尊”，是对人进行尊卑贵贱的区分；“乐”强调的是“和”，即所谓的“亲亲”。因此，礼乐制度规定了不同身份的人所应该遵行的礼仪，尊卑、长幼、亲疏之间各自应遵循的行为规范，是道德的践行与体现。从这个层面来看，周公是孔子的精神导师，其礼乐思想是儒家思想的起源。

周公是孔子一生所学习的对象，克己复礼，是孔子孜孜以求的目标。孔子曾千里迢迢到洛阳考察，学习周公的礼乐制度，探讨周代的治国模式，“郁郁乎文哉，吾从周”（《论语·八佾》）。因此，周公被誉为是儒学奠基人，被尊为儒学先驱，后世也将“周孔”并称，尊周公为“元圣”、孔子为“文圣”、孟子为“亚圣”。

其次，中原地区是儒家思想传播、更新、发展的主要地区。孔子虽然出生在山东，但孔子讲学与游说的主要活动区域是在中原。西汉时期，汉武帝采用董仲舒提议的“罢黜百家，独尊儒术”，在广大的中原地区将儒学置于至高无上的地位。从那时开始，儒学开始在中原地区流传，并逐渐成为中原文化的构成主体。据文史材料记载，西汉时期230多位儒生中，河南地区的儒生有六分之一；东汉时期的百余位儒生中，河南地区的儒生更是占据了三分之一。洛阳也成为儒家思想的教育中心，东汉时期的洛阳太学有学生约3万人，并聚集了马融、郑玄等一批名儒大家[①]。

东汉与北宋时期是儒家思想与伦理在中原地区传播与发展的两个黄金时期。当时的洛阳与开封，分别是东汉与北宋时期的政治、经济与文化中心。在这两个时期，中原地区孕育出了一大批儒家文化的研究者与传播者。东汉时期，儒学开始成为中国古代社会意识形态的基本学说，儒家伦理也成为更为普遍的道德规范。从东汉到北宋，在相当长的历史时期内，河南都是儒家思想与儒家伦理的传播中心。

（二）儒家伦理的基本内涵

就当前社会而言，儒家伦理中既包含精华，也存在着影响社会发展的封建糟粕。这些糟粕的产生是由于当时社会的封闭、保守、落后。在封建社会中，儒家主张的各种道德理想被封建统治者利用为封建社会统治的工具，其压制人性，阻碍社会进步。但是我们也应该清晰地认识到，儒家伦理虽有糟粕，但其精华部分也具有积极的社会建设意义，如“天行健，君子以自强不息”（《周易·乾卦》）的刚健有为，“富贵不能淫，贫贱不能移，威武不能屈”（《孟子·滕文公下》）的高尚人格，“老吾老以及人之老，幼吾幼以及人之幼”（《孟子·梁惠王上》）的团结互助，等等。诚如罗国杰教授所言：“孔子在伦理思想史的最大贡献，就是他最早发现了‘人’的重要性，在政治生活、道德生活中强调了对‘人’的重视。”[②]儒家伦理非常重视人的主体价值，强调作为人应当践行的种种德目，并希望通过人人践行这些德目维护良好社会秩序。这些德目的内涵可以概括为“仁”“义”“礼”“智”“信”。西汉时期董仲舒提倡“五常之道”，谓之仁、义、礼、智、信。在儒家看来，“五常”既是个人修养的基本标准，也是为人处世的道德准则，其共同构成了儒家思想的最基本的道德观念，对中原地区的伦理精神的形成产生了重大影响。

第一，“仁”。“仁”是先秦儒家伦理思想的核心，孔子认为“仁”是社

① 参见贾文丰:《中原文化概论》,郑州:中州古籍出版社,2017年版,第109页。

② 罗国杰:《传统伦理与现代社会》,北京:中国人民大学出版社,2018年版,第74页。

会政治、伦理道德的最高理想与价值标准，是儒家坚持的人的最高德性。为复“周礼”，孔子提出“仁学”思想。在孔子看来，“周礼”未复，而“仁”思长久留存，故而“仁”成为中国传统社会生活的最高德目与最普遍的道德准则。他还认为其余之一切德目，或“四维”、或“八端”、或“十义”，皆由此而生。“仁”对中华民族性格之塑造产生了深远影响，且影响至今。

“仁”最通俗的释语即“同情心”，是基于家庭生活中的亲情。“仁”之根本即家庭关系中的“孝悌”。“孝悌”的基本内容是父慈子孝、兄友弟恭；又由其推出以家庭成员关系为核心的“十义”，即父慈、子孝、兄良、弟悌、夫义、妇听、长慧、幼顺、君仁、臣忠；进而推至“不独亲其亲，不独子其子”（《礼记·礼运》），“老吾老以及人之老，幼吾幼以及人之幼”（《孟子·梁惠王上》），“四海之内，皆兄弟也”（《论语·颜渊》）。归而言之，即由“亲”及人，由“爱有差等”至“泛爱众”。

第二，“义”。儒家伦理肯定“义”的内在价值，孔子言：“君子喻于义，小人喻于利”（《论语·里仁》）。儒家认为“义”是为人处世必须遵循的道德准则。但就当今社会而言，我们亦不能否认“利”之于社会生活的重要意义，如“富而可求也，虽执鞭之士，吾亦为之”（《论语·述而》），但在追求“利”的同时，我们也要遵循儒家提倡的另一准则，即“不义而富且贵，于我如浮云”（《论语·述而》）。其强调的是“见利思义”“先义后利”，即关于个人利益的考虑必须服从道德的指导。荀子更是把“义”作为人与禽兽相别的显著特征，他认为，“水火有气而无生，草木有生而无知，禽兽有知而无义，人有气、有生、有知，亦且有义，故最为天下贵也”（《荀子·王制》）。

儒家还认为，“鱼，我所欲也；熊掌，亦我所欲也。二者不可得兼，舍鱼而取熊掌者也。生，亦我所欲也；义，亦我所欲也。二者不可得兼，舍生而取义者也”（《孟子·告子上》）。其认为“见利思义”是人之道德的初级要求，即“利不苟取”（《新书·阶级》）；而先人后已、舍生取义则是更高层次的道德境界。这一系统性的道德规范，不仅促进了人们在日常生活中“拾金不昧”“君子爱财，取之有道”等“重义”行为的形成，而且还被升华至“生以载义，生可贵；义以立生，生可舍”（《尚书引义》）的崇高道德追求①。

第三，“礼”。“礼”是中原儒家伦理道德的重要范畴之一，儒家通过对“礼”的全面深入探讨，构建起完善而庞大的伦理体系。在儒家看来，实行“礼”的目的是治人情、修人义，主旨是“讲信修睦，尚辞让，去争夺”（《礼记·礼运》）。该主旨又贯穿于整个中原儒家伦理思想体系之中，成为调节整个社会人际关系必须遵循的行为规范。

荀子又给“礼”注入了“法”的特征，使“礼”成了一个具有伦理规范和法律规范双重含义的特殊概念。“礼起于何也？曰：人生而有欲，欲而不得，则不能无求。求而无度量分界，则不能不争；争则乱，乱则穷。先王恶其乱也，故制礼义以分之，以养人之欲，给人之求，使欲必不穷乎物，物必不屈乎欲，两者相持而长，是礼之所起也”（《荀子·礼论》）。可见，荀子之“礼”已上升到社会“乱”“穷”之界。谦和好礼是获得他人好感、建立双方平等地位关系之基础，盛气凌人、不可一世则是孤立自我、拒人千里的“祸根”。在中原地区长期的历史发展中，在“礼”的影响下，中原人民形成了谦和好礼的精神品格，中原地区形成了稳定的社会道德规范与生活准则。

第四，“智”。在儒家伦理中，所谓“智”指的是知识、见解、智慧、理性等，即道德认识与道德理性。孟子将“智”概括为“是非之心”，即人们判断是非善恶的观念与能力，认为这是人与禽兽的根本差别。他又指出，“智”是人的本质特性之一，是人性的先验特质，即“仁义礼智，非由外铄我也，我固有之也，弗思耳矣”（《孟子·告子上》）。在儒家思想中，“智”是一个道德范畴，是实现“仁”的重要条件之一。在儒家看来，仁智合一是人生的最高境界与人生修养的最终目标。儒家还指出达“智”的五个步骤，分别为“博学”“审问”“慎思”“明辨”“笃行”。

在儒家看来，“智”最重要的功能在于使人明辨是非善恶，树立正确的

① 参见张岱年、方克立：《中国文化概论》，北京：北京师范大学出版社，2004年版，第317—320页。

道德观念。孔子言："知者不惑，仁者不忧，勇者不惧"（《论语·子罕》），"知之为知之，不知为不知，是知也"（《论语·为政》）。儒家伦理认为，人们在为人处世中，不仅要知道什么事情是可以做的，还要知道什么事情是不可以做的，这样才是真正达到了"智"，才能做出更好的选择。更进一步地说，"智"不仅指导人们辨别事物的善与恶、辨清道理的是与非，还能指导人们树立正确的道德观念，提升自己的道德修养与道德境界，促使自己的道德行为最终达到完美的程度。

第五，"信"。儒家所提倡的"信"要求人们忠于自己的本性，自己的言行要符合所处的社会地位，要符合所肩负的社会责任与道德义务，"信"也是儒家所强调的立人立国之本。如儒家经典《中庸》所论："在下位不获乎上，民不可得而治矣；获乎上有道，不信乎朋友，不获乎上矣；信乎朋友有道，不顺乎亲，不信乎朋友矣；顺乎亲有道，反诸身不诚，不顺乎亲矣；诚者有道，不明乎善，不诚乎身矣。诚者，天之道也；诚之者，人之道也。诚者不勉而中，不思而得，从容中道，圣人也。诚之者，择善而固执之者也。"

"信"是人际关系基本准则，是自古以来中原人民十分重视的德目之一，如孔子言："人而无信，不知其可也"（《论语·为政》）。"吾日三省吾身：为人谋而不忠乎？与朋友交而不信乎？传不习乎？"（《论语·学而》）。朱熹认为"信是言行相顾之谓"（《朱子语类》卷二十一），即"信"的基本要求是人之言行相符，这是个人取信于人的首要前提。国之层面的"信"，是统治阶级获得民众信任与支持的重要德行，如孔子曾言："上好信，则民莫敢不用情"（《论语·子路》），"敬事而信""谨而信""主忠信"（《论语·学而》）。儒家认为，国家与社会想要稳定发展，以国君为代表的统治阶级必须具有高尚的道德品质，必须拥有民众信任。统治者讲信用、守信义，百姓才会真情相待而不欺上，只有这样，才能维持正常的社会发展秩序。

三、法家伦理

（一）法家伦理与中原地区的关系

春秋战国时期战乱不断，统治者认识到要维护中央集权的封建统治，仅仅依靠道家的“无为而治”与儒家的“以德化人”是远远不够的。先秦时期，法家为维护巩固君主对国家的统治，主张以法治为核心，建构一种纯功利主义的伦理思想体系。西汉后期，在“独尊儒术”的基础上，在“外儒内法”的意识形态中，儒家吸收法家思想，开始儒法并用，传统的、偏颇的法家伦理思想也逐渐被排斥掉。无论是法家思想的源起，还是被儒家吸收，都是在中原地区进行的，其与中原地区的政治、经济、文化形势的变化存在着极大的关联。因此，中原地区成为法家哲学思想与伦理思想的发源地。

春秋战国时期，法家代表人物大都出生在中原地区，子产、商鞅、申不害、韩非、李斯等都是中原人。子产是春秋时期著名的政治家，长期在郑国（即今新郑市）执政；商鞅是战国时期卫国（即今内黄县）人，主持秦国变法，促使秦国后来居上、国富兵强；申不害是郑国（即今荥阳市）人，他是战国中期法家代表人物；李斯，战国末期著名的政治家、思想家，上蔡（即今上蔡县）人，秦统一后长期任秦之宰相。除此之外，还有子罕、杜周等，他们或变革立法，或制定律例，或著书立说，始终秉持与贯彻法治的精神，这对巩固君主统治、促进社会发展发挥着重要的推动作用。这些中原地区的法家人物中，最具代表性的是法家思想集大成者韩非。

韩非（约公元前280年至前233年），是战国末期韩国国君之子，中国古代著名的哲学家、思想家、政论家和散文家。由于法家各代表人物的思想都来源于各自不同的政治思考与实践，因此，中原法家的思想存在着较大差异。韩非在继承法家前辈思想的基础上，建立了一套以法为本，融合法、术、势于一体的集权主义的法治思想体系，其成为法家思想的集大成者，被后世称“韩子”或“韩非子”。

韩非是荀子的学生，但他却没有承袭儒家的思想，但是荀子的“性本恶”思想对韩非法家思想的形成有着较大的影响。韩非“喜刑名法术之学”，总结并继承了战国时期法家的思想与实践，提出了实施变法、强化君主专制中央集权的理论。对于治民，韩非从“性本恶”的思想出发，主张进行法治，约束民众。在他看来，施刑于民不是害民，而是爱民的表现。对于治国，他主张实施改革，以法治国，“废先王之教”（《韩非子·问田》），“以法为教”（《韩非子·五蠹》）。他强调，“法不阿贵”，“刑过不避大臣，赏善不遗匹夫”（《韩非子·有度》），认为只要制定了法，就要严格地贯彻执行，无论是贵族还是百姓，都要一视同仁、概莫能外。

但从本质上讲，法家的法治意图是为了保障君主权力的最大化，而不是从维护社会公平公正的角度出发的，其要维护的是统治阶级至高无上的政治权力与皆我所有的经济权力。因此，即使儒家与法家的思想体系存在巨大差异，其最终目的还是一样的。“如果说道、儒思想体现了中原文化阴柔的一面，法家学说则体现了中原文化刚戾的一面。它们相为表里，维持着中原王朝的政治运作”[①]。数千年的封建王朝，统治阶级以儒家伦理道德为表象，以仁、义、礼、智、信为外衣，对内统治采用的依然是法家的主张，法家思想是统治阶级的维权工具，甚至表现出严苛与残忍的一面。

（二）法家伦理的基本内涵

法家伦理思想在很多方面与儒家、道家思想针锋相对，如其认为“圣王者不贵义而贵法，法必明，令必行，则已矣”，“治主无忠臣，慈父无孝子”（《商君书·画策》），“务法而不务德”，“明主不道仁义”（《韩非子·显学》）。因此，法家思想长期被贴上“非道德主义”的标签。其实，

① 王保国：《论中原文化道、儒、法、释思想内核的形成》，《华北水利水电学院学报》（社科版），2006年第4期，第14页。

法家并非没有伦理道德的观念，只是在激烈的社会变革中、在维护统治秩序的努力中，形成了一种以“法”为伦理价值的衡量标准。法家并不排斥伦理道德在社会中的地位与作用，在当时的法治的框架下、在社会秩序重构的背景下，法家的伦理道德有自己的独特内涵。

第一，法家之“仁”“义”。“仁”指的是人与人之间相处的一种伦理原则；“义”强调的是按照既定的伦理价值标准行事，否则即为“不义”。前文已讲到，儒家伦理主张“爱人”，从“亲亲、尊尊”出发，维护的是宗法道德；道家伦理主张的“爱人”，则是要求人们抛弃道德规范，无知无欲，回复到自然混沌的“素朴”状态之中。法家坚决反对儒家与道家的仁义观点，认为这些观点将滋生“奸私之臣”“暴乱之徒”，使人民变得庸俗懒散，诱导人民投机取巧，不利于富国强兵。如商鞅在《商君书·画策》中所言：“非其义也，饿不苟食，死不苟生。”韩非在《韩非子·奸劫弑臣》中所言：“夫施与贫困者，此世之所谓仁义；哀怜百姓，不忍诛罚者，此世之所谓惠爱也。”“夫有施与贫困，则无功者得赏；不忍诛罚，则暴乱者不止。”

法家伦理强调的“仁”“义”与儒家、道家思想中的“仁”“义”有所不同。法家所说的“爱人”，要求必须给人以实实在在的利益，而不是泛泛而谈的、浮于口头的“爱人”。同时，法家所说的“仁”“义”，是建立在对“法”的绝对服从基础上的，其要求人们无论何时何地，都不能违背法的要求。如韩非言：“仁者，谓其中心欣然爱人也”，“义者，君臣上下之事，父子贵贱之差也，知交朋友之接也，亲疏内外之分也”（《韩非子·解老》）。商鞅也说：“所谓义者，为人臣忠，为人子孝，少长有礼，男女有别。”（《商君书·画策》）

第二，法家之“忠”“孝”。与其他学派相比，法家更加着力提倡“忠”“孝”伦理，并认为只有在法治的基础上，才能有真正的忠臣孝子，仅靠道德的约束是不够的。同时，法家认为忠臣孝子必须守法，不能“忘于法”，违法则必须受到惩罚。如商鞅说“治主无忠臣，慈父无孝子”（《商君书·画策》），“故有明主忠臣产于今世，而散领其国者，不可以须臾忘于法”（《商君书·慎法》）。韩非也说“慈于子者不敢绝衣食，慈于身者不敢离法度，慈于方圆者不敢舍规矩”（《韩非子·解老》），即“忠臣”“慈父（母）”“孝子”都必须守法。

法家是封建等级制度的缔造者与维护者，他们对“忠”的重视程度要远远高于“孝”。其要求臣子要忠于君主，做“忠臣”。韩非对“忠臣”也有自己的标准，他认为“故有忠臣者，外无敌国之患，内无乱臣之忧，长安于天下，而名垂后世，所谓忠臣也”（《韩非子·奸劫弑臣》）。此外，他们所倡导的“孝”，其实是为了突出与衬托“忠”。在法家看来，“忠”即忠于君主、忠于封建制度，“孝”是对父母而言的，也是“忠”，但这是小“忠”，服从于国君的“忠”是大“忠”。甚至君“不义”，臣也不得不“忠”，这与儒家的“君不义”则“臣不忠”背道而驰，进而陷入了“愚忠”的伦理窠臼。

第三，法家之“公”“廉”。在法家伦理思想中，“法”是公正的代表，制定法律的目的就是为了实现国家的公正，即“法者，国之权衡也”（《商君书·修权》）。商鞅言法对于公正的重要性时说道：“先王县权衡，立尺寸，而至今法之，其分明也。”（《商君书·修权》）意思是法的意义在于确定尺度，形成评判人们言行的统一的标准，在出现争议的时候，可以进行公正的裁决。韩非也指出了公正的重要意义：“卑贱不待尊贵而进论，大臣不因左右而见，百官修通，群臣辐凑；有赏者君见其功，有罚者君知其罪。”（《韩非子·难一》）更为难得的是，法家主张“法不阿贵”“刑无等级”，他们认为无论什么人，只要犯了法，就必须受到法律的制裁。这比儒家所提倡的“刑不上大夫”更具有进步意义。

在法家那里，“廉”与“公”是同样重要的德目，其也必须以守法为前提。如韩非在《韩非子·六反》中言：“明主之治国也，众其守而重其罪，使民以法禁而不以廉止。”他对“廉”也进行了自己的解读：“所谓廉者，必生死之命也，轻恬资财也。所谓直者，义必公正，公心不偏党也。”（《韩非子·解老》）同时，他也指出了贪污枉法的后果：“我不以清廉方正奉法，乃以贪污之心枉法以取私利，是犹上高陵之巅，堕峻溪之下以求生，必不几矣。”（《韩非子·奸劫弑臣》）就是说如果贪污枉法、谋取私利，就将如同从高山之巅而坠入深谷，求生不得。

四、佛教伦理

（一）佛教伦理与中原地区的关系

佛教思想中有着丰富的伦理道德思想，佛教把伦理道德作为信徒实现宗教信仰目标的前提与保障，涉及人与佛的关系、人与自我的关系，以及人与人的关系。佛教伦理在中原地区的传播，是有着明显的发展变化轨迹的。最初的佛教伦理带有鲜明的印度佛教伦理印记，而随着其在中原地区的传播，受到中原地区政治、经济、文化的影响与制约，实现了与中原固有伦理的融合。

东汉永平年间，佛教传入中原地区。自洛阳白马寺修建起，佛教开始在中原大地生根、发展、传播，成为中原文化与中原伦理的重要组成部分。严耀中在《中国宗教与宗教研究》一文中指出：“成熟宗教在中国出现，是因为社会危机造成了政治权威的削弱，控制力的减弱，以及人口大量丧失引起的反思，宗教就是要解决人的生死命运问题。”①佛教的兴起，也是如此。最初佛教传入中原地区，是作为经学之外的补充，其在中原地区封建王朝激烈的政治斗争中，能满足人们心灵慰藉的需求。到了魏晋时期，中原地区战乱频仍，阶级矛盾更加突出，在此情况下，上至达官显贵，下至黎民百姓，他们将生活的希望寄托在佛教的教义之中，佛教随之成为一门显学，对整个社会产生重要的影响。

自魏晋时期开始，佛教与中国本土哲学开始相互渗透与融合，最早表现为魏晋时期的玄学与佛教哲学中“中空论”的渗透与融合，前者的“无”与后者的“空”互相比附。隋唐时期，中原地区政局稳定，儒、释、道三教互相融合。首先提倡“三教合一”的是隋代大儒王通，他强调儒、

① 苏智良、陈恒：《中国历史与传统文化讲演录》，北京：商务印书馆，2013年版，第223页。

释、道要相互吸收、取长补短。到了唐代，形成了儒释道三教并立、调和发展的局面，这也是中国传统哲学发展的一个顶峰时期。及至宋代出现的“宋明理学”，也是儒、释、道三教长期争论和融合的结果，对中原地区乃至中国社会政治、文化教育以及伦理道德都产生了深远影响。

（二）佛教伦理的基本内涵

佛教伦理所追求的最终目的是人生之解脱，即所谓的“涅槃”。如何实现“涅槃”，实现人生之解脱呢？这就要求人们践行佛教伦理所要求的道德。佛教伦理与其他学派伦理的显著区别在于佛教伦理具有更强大的精神指导力量，人们为了实现人生解脱，有着践行佛教道德要求的极大的主动性。

“佛教对中原文化产生过很大的影响和作用，在中原文化历史上留下了灿烂辉煌的佛教文化遗产。”[①]佛教伦理总体上来说包括“五戒”“十善”“四摄”“六度”等，这些是佛教徒必须遵循的强制性的道德规范。中原佛教伦理彰显了中原地区的传统文化精神，体现为鲜明的和谐观、平等观、克己观、利他观。

第一，和谐。佛教伦理包含着的丰富的和谐精神，强调平等、融洽、协调、相互尊重。“佛教本质上是一种和的宗教，佛教伦理本质上是一种和的伦理。”[②]佛教伦理的和谐观念，来自其慈悲为怀的宗教特色。《大智度论》言：“慈悲是佛教之根本。”《观无量寿经》言：“佛心者，大慈悲是，以无缘慈，摄诸众生。”面对当时社会的战乱、杀戮、不公以及芸芸众生的诸多烦恼，佛教号召信徒从净化心灵开始，消除“贪”“嗔”“痴”三毒，即“心生则种种法生，心灭则种种法灭”（《坛经》）。

中原佛教所强调的修心，是引导人们更多地关注自己内心的修养，获得精神境界的提升，进而以心灵的道德和谐为根本，达到内心的和谐、人与人的道德和谐、人与社会的道德和谐、人与自然的道德和谐。佛教的这

① 赵凌宇：《佛教与中原文化》，《中央社会主义学院学报》，2009年第3期，第104页。

② 董群：《汉传佛教的和谐伦理思想研究》，《道德与文明》，2007年第6期，第24页。

种和谐观念不同于儒家主张的“天人合一”和道家提倡的“自然感应”，它更加贴近自然、贴近社会、贴近现实、贴近内心，对于个人道德提升、和谐家庭构建、和谐社会建设乃至人与自然和谐关系的构建，都更具指导意义。

第二，平等。佛教伦理的平等观念也有着自己的特殊性，即佛教讲求的是“众生平等”。佛教所谓的“众生”，指的不仅仅是人，而是包括了“有情众生”与“无情众生”在内的万物。“有情众生”指一切有感情、有意识的生物，包含了天、人、阿修罗、饿鬼、畜生、地狱六道众生；“无情众生”主要指山川草木、日月星辰、山河大地、草木瓦砾等。“众生平等”的理论依据是佛教的缘起理论，也就是说，在佛教看来，世间万物在本质上是平等的。

第三，克己。佛教伦理的“克己”强调的是克制自己的欲望、意识与行为，并指出了“克己”的具体方法，即“戒”“定”“慧”之“三学”。“戒”“定”“慧”三者是次第的关系，即循序渐进的关系，其主张人们先要完善自己的品德；有了品德，就应尝试让自己的心平静；内心平静后，应进一步提升智慧。

第四，利他。佛教伦理中的“利他”，体现在佛教处理与众生之间关系的规范之中。在佛教看来，对己对他皆有利的，是为善；对己不利对他有利的，是为大善；对己对他皆不利的，是为恶；对己有利对他不利的，是为大恶。因此，佛教伦理始终体现为一种“利他”的价值标准，这种道德观被佛教称为“慈悲”。“慈”是指使众生快乐，给众生幸福；“悲”是指去除众生的苦恼，使他们摆脱痛苦，即“大慈与一切众生乐，大悲拔一切众生苦”（《大智度论·卷二十七》）。

除了道家、儒家、法家、佛教之外，墨家、农家、兵家、名家等哲学思想也都有在中原地区传播与发展，并对中原伦理的建构发挥了重要影响。如墨家的“节用”孕育了中原人民勤俭持家的美好品德，“任侠”培养了中原人民乐于助人的高尚情操。但这些伦理思想或与上述四家有相似之处，或存在的时间相对较短、发挥的影响相对较小，难以构成中原伦理思想的根源。

因此，中原伦理是多种哲学思想相融合的产物，这些学说在建构中原伦理的过程中，又不断补充与调整、不断取舍与适应。正是在道家、儒家、法家、佛教伦理思想的不断生成与演化中，中原伦理逐渐成形并相对稳定地传承下来，成为中原地区主要的伦理价值标准。

第二节　中原伦理的基本内涵

中原伦理是指中原人民在长期的社会生活与生产实践中，在社会伦理、政治伦理、经济伦理、文化伦理等层面逐渐形成的较为文明的道德特质，集中体现为中原人民的信念、伦理智慧、道德情操和精神风貌。本节笔者将从中原伦理的社会内涵、政治内涵、经济内涵和文化内涵四个维度出发，阐释中原伦理的基本内涵。

一、中原伦理的社会内涵

中原伦理的社会内涵是指在中原伦理的影响下，中原人民在家庭生活、社会交往、职业生活等方面体现出来的伦理关系，其集中体现为中原伦理中核心要义之一——“仁”。

（一）家庭伦理

社会学家称家庭为社会的细胞，认为家庭是社会的初级群体，是以血缘、情感为纽带建构起来的最为紧密的生活共同体。家庭伦理是社会伦理的重要组成部分，目的在于调节家庭成员关系，促进家庭和睦，在传统社会聚族而居的环境中更是发挥着重要的稳定与凝聚作用。

亲情与爱情是家庭伦理中最朴素的道德情感，前者如“父慈子孝”，后者如“相敬如宾”。“父慈子孝”包含两层意思：一是长辈对晚辈的关心与呵护，二是晚辈对长辈的尊敬与孝道。在所有的伦理情感中，这是最为基础的道德要求。“相敬如宾”典故出自《左传·僖公三十三年》：“臼季使，过冀，见冀缺耨，其妻馌之，敬，相待如宾。”后世用之，则多以其代表夫妻之恩爱、平等关系。

中原地区的人民是极其重视家庭与血缘亲情的，他们是中国传统文化的典型代表，这种对家庭与血缘亲情的重视也是东西方文化的典型差异之一。“重家”观念的形成是中国传统社会长期家国一体的社会构制的结果。只有人人胸怀“重家”之心，才能进而做到对国家、民族之忠爱。因而，在中原伦理中，无论自下而上还是自上而下，都对家庭内部之“血缘亲情”提出了严格要求，家庭内部成员之间必须彼此顾恤、相互尽责，否则即为“不义”。

中原地区的群众是恋家的，根深蒂固的“老家”观念一度成为河南人的“标签”。这种“老家”观念在2009—2012年河南省人民政府主导制作并在中央电视台播放的《老家河南》旅游形象宣传片中体现得淋漓尽致，该片共分为《壮美中原，老家河南》《记忆中原，老家河南》《豫见中原，老家河南》三部分，这一系列宣传片不仅充分展示了河南省深厚的历史积淀、灿烂的中原文化、浓郁的乡情风貌、蓬勃的发展态势，更是将中原群众的家庭伦理观念广为传播。古代中原的大诗人杜甫、李商隐、元稹写下的传世名篇中，“烽火连三月，家书抵万金”（杜甫《春望》），“何当共剪西窗烛，却话巴山夜雨时”（李商隐《夜雨寄北》），“曾经沧海难为水，除却巫山不是云”（元稹《离思》）等脍炙人口的佳句，传达着中原人民对亲情与爱情的期待。新时代的今天，中原大地上更是流传着不胜枚举的尊老爱幼、男女平等、夫妻和睦、勤俭持家、邻里互助的感人故事，这些故事彰显着中原家庭伦理之于新时代社会主义精神文明建设的积极意义。

（二）社交伦理

社会交往能够推动社会发展和进步，是形成、维系和发展人类社会关系的重要方式。社会交往的伦理基础是“情”，即情谊。情谊是个人于家庭之外、与社会“他者”相处的道德准则，是血缘亲情在社会层面的推广发挥，其显著特点是“不自私”。梁漱溟言：“中国就家人父子兄弟之情，推广发挥，以伦理组织社会，举社会各种关系而悉伦理化之，亦即家庭化之。务使其情益亲，其义益重……全社会之人，不期而辗转互相连锁起来，无形中成为一个大家庭。观其彼此顾恤，夫宁有所谓自私？”①个人在社会中生存与发展，离不开与他人的沟通与合作。只有得到他人的认可与尊重，才是个体完善的道德体现。

中原自古便是世界闻名与向往的礼仪之邦。“礼起于何也？曰：人生而有欲，欲而不得，则不能无求，求而无度量分界，则不能不争；争则乱，乱则穷。先王恶其乱也，故制礼义以分之，以养人之欲，给人之求，使欲必不穷于物，物必不屈于欲，两者相持而长，是礼之所起也”（《荀子·礼论》）。可见，古人所说的“礼”是与社会“乱”“穷”相关联的。笔者此处所言之“礼”则是剥离了消极作用的“礼教”制度，专指社会交往中的礼貌、礼让、礼节。中原地区的人民深刻懂得谦和好礼是获得他人好感、建立双方平等地位关系之基础，盛气凌人、不可一世则是孤立自我、拒人千里的“祸根”。

“诚信知报”是社会交往中必须遵守的伦理规范，其潜移默化地渗透于中原社会生活的方方面面，被中原人民视为道德的基础和与人相交的基本准则。孔子把诚信作为为人之根本，提出“人而无信，不知其可也”（《论语·为政》）。朱熹云：“信是言行相顾之谓”（《朱子语类》卷二十一），他认为“信”的基本要求是人之言行相符，这是一个人取信于他人的首要前提。“知报”指知恩必报，如“投我以木瓜，报之以琼琚”（《诗经·卫风》），“滴水之恩，当涌泉相报”（《增广贤文·朱子家训》）。数千年来，抵御外敌入侵、与自然灾害抗争的过程也不断塑造着中原人民诚信知报的优秀品格。在新时代，建设社会主义强国的新要求也为中原人民提出了新的道德准则。我们应该摒弃中原传统文化中不合时宜的因素，在社会交往中抛弃狭隘的小团队主义观念，摆脱重人情、轻法治

① 梁漱溟：《中国文化要义》，上海：上海人民出版社，2011年版，第184页。

的落后思想影响，树立正确的价值目标与道德规范。

（三）职业伦理

职业伦理即一个人应该具有的职业操守，是指个人在职业活动中应该遵守的伦理规范以及必须具备的道德品质，代表着个人是否具有积极的责任心与进取心，主要体现在尊师重道与爱岗敬业两个方面。

传统伦理中的“尊师重道”源自对“君”“臣”关系的理解。《大学》言：“为人君，止于仁；为人臣，止于敬。”梁启超析之：“君字不能专作王侯解。凡社会组织，总不能无长属关系。长即君，属即臣。例如学校，师长即君，生徒即臣。工厂经理即君，厂员即臣。师长对生徒，经理对厂员，宜止于仁。生徒对师长所授学业，厂员对经理所派职守，宜止于敬。不特此也，凡社会皆以一人兼君臣二役，师长对生徒为君，对学校为臣，乃至天子对天下为君，对天为臣。儒家所谓君臣，应作如是解。”[①]因而，我们对“君”“臣”之意不能偏狭理解，而应在合理范围内“大而化之”，将其界定为“尊师重道”。“国将兴，必贵师而重傅……国将衰，必贱师而轻傅”（《荀子·大略》）。“古之圣王未有不尊师者也。尊师则不论其贵贱贫富矣”（《吕氏春秋·劝学》）。中原伦理自古便有“尊师”传统，并具有极高的地位，甚至将其与“天、地、君、亲”并提。

中原地区的历代仁人志士中，不乏爱岗敬业、忠于职守的模范人物，如以救死扶伤为天职的张仲景，致力于天文科学研究的张衡，为人民鞠躬尽瘁的焦裕禄，“戏比天大、德艺双馨”的常香玉等，他们为中原群众树立了高尚职业道德的榜样与标杆。在新时代，尤其是在抗击新冠肺炎疫情的过程中，河南省卫健委组织省内医疗队驰援武汉，一个个感人的事迹，更是对爱岗敬业的最好注解。我们更要弘扬中原职业伦理的高尚精神，结合现代社会发展需要，消除不思进取、敷衍了事、以尊卑贵贱看待职业的狭隘落后的观念，做一名具有现代职业精神与职业操守的社会主义建设者。

---

① 梁启超：《先秦政治思想史》，北京：商务印书馆，2017年版，第91页。

二、中原伦理的政治内涵

中原伦理的政治内涵，是指数千年间中原地区关于基本政治结构、政治关系、政治理想和政治行为的制度规范与道德要求。“在历史上，中原政治伦理精神主要表现为中原人所恪守的整体主义的政治伦理准则，所选择的权威主义的政治伦理价值取向以及他们所养成的崇尚‘德治’的政治行为习惯。”①参照上述观点，笔者在此处关于中原伦理政治内涵的解读也是从整体主义、权威主义和“德治”三个层面展开。

（一）整体主义

整体主义是一种哲学方法论，其强调整体的核心价值，强调无论是在独立平等层面，还是自由民主层面，我们为人处世都要从整体出发，坚持整体利益高于个人利益。政治伦理角度的整体主义是国家层面的概念，其将国家视为一个有生命力的整体，认为国家是一个由所有成员组成的统一体。在整体主义思想下，一方面，国家应给予成员存在的理由与意义；另一方面，每一个社会成员必须对国家无条件地服从、忠诚、奉献。在这种政治伦理的要求下，个人是为了国家而活着的，为了国家利益可以牺牲个人的利益，甚至可以奉献自己的生命。上述极端的整体主义抹煞和削弱了个体的独立性与存在意义，是我们应该警惕与批判的对象。但我们倡导积极的整体主义（或称集体主义），其以整体和个体的双向关怀为指归，具有凝聚人心、推动社会发展的重要意义。

古代中原地区以农耕经济为主，是典型的农业社会，中原地区的统治者们将农业生产视为头等大事。在农耕文明下，人们依附于土地而生存，在共同的耕种生活中逐渐形成了家族聚居的生活模式，在这样的集体中，每个人都有自己的位置，个人命运与家族命运紧密结合在一起。因此，个

① 周全德、齐建英：《论中原伦理精神的基本内涵及其创造性转换》，《学习论坛》，2006年第2期，第61页。

人就必须服从家族的整体利益，注重个人对于家族的义务和职责。北宋以前，定都中原的历代王朝都充分利用这种群体心理，将这种生产方式、生活方式与意识形态结合在一起，在政治伦理教化中不断宣扬整体主义，并将其升华成为一种道德准则，使之深深扎根于中原地区人民的内心深处。

历史上的中原儿女在整体主义政治伦理的感召下，不断战胜艰难险阻，前赴后继，奔赴国难，如花木兰“万里赴戎机，关山度若飞”（《木兰诗》），商鞅“自古驱民在信诚，一言为重百金轻”（《商鞅》），岳飞“壮志饥餐胡虏肉，笑谈渴饮匈奴血”（《满江红·写怀》）等，他们谱写了一代又一代的英雄赞歌。新时代的中原儿女，应继续秉承积极的整体（集体）主义精神，改造极端的整体主义思想，孕育积极向上的新政治伦理道德。在集体主义精神的激励和感召下，我们应传承焦裕禄精神、红旗渠精神、愚公移山精神等，投身中原崛起伟大征程，为政治民主的健康发展发挥自己的力量。

（二）权威主义

政治学上的权威主义指的是介于极权政治与现代民主政治之间的一种过渡型的政治体制，一般产生于集权专制统治向民主政治过渡的国家，表现出过渡性、合法性、现代性、实用性等特征。它能够为经济发展提供稳定的局面，为向民主政治迈进打下了一定基础。权威主义既有民主的成分，又有集权的成分，其政治发展的逻辑与现实决定着权威主义政治不会作为常态存续下去，其应向民主政治转型。在政治伦理层面，权威主义则较多体现为普通群众对精英人士或权威人士的听信与服从。权威主义的存在有利有弊：一方面，在这种政治体制下可以形成统一指挥、统一行动的社会政治格局，有利于完善社会治理，提高工作效率；另一方面，也容易造成“一言堂”的政治生态，降低普通社会成员的积极性与主动性，不利于社会发展与维护群众利益，如滋生“等靠”的懒惰思想、“官大一级压死人”的级别思想、“肉食者谋之”的推脱思想，在这些思想的影响下，人们容易缺乏主动性和积极性，一切要看领导的脸色，一切要问专家的意见，这给创新求进造成了极大阻碍，也对古代中原社会的发展产生了较大的消极作用。

权威主义的政治伦理对古代中原社会有着深刻的影响，这与中原地区长期作为全国的政治中心是有很大的关系。国之中央，政令频出，彰显着“官本位”的巨大优势。这种社会体制极易引发人民群众对政治的迷信、对权威的崇拜。

在新时代，我们应积极吸收这些思想的合理成分，摒弃其中的消极成分，既承认精英人士在专业领域的重要推动作用，也不能忽视广大人民群众在社会发展中的重要作用，将“专家”治理、“权威”治理的积极性与调动民众参与、承认群众力量结合在一起，共同促进中原地区的社会发展与经济建设。

（三）崇尚德治

德治是中国古代的治国理论，是儒家学说倡导的一种道德规范，被封建统治者长期奉为正统思想。如孔子言：“道之以政，齐之以刑，民免而无耻。道之以德，齐之以礼，有耻且格。”（《论语·为政》）意思是：用政令来治理百姓，用刑罚来制约百姓，百姓可暂时免于罪过，但不会感到不服从统治是可耻的；如果用道德来统治百姓，用礼教来约束百姓，百姓不但会有廉耻之心，而且会纠正自己的错误。荀子曰“厚德音以先之，明礼义以道之，致忠信以爱之，赏贤使能以次之，爵服赏庆以申重之”（《荀子·王霸》），这句话讲的也是德治的重要意义。在儒家看来，德治是人治的理想模式，要想发挥人治的优点，统治者应该勤奋、敬业，应该具有高尚的人格魅力。德治思想要求统治者集团要以身作则，注意修身和勤政，充分发挥道德感化作用，并且重视对民众的道德教化，为政以德，德主刑辅。经过历代统治阶级的推崇与强化，德治思想在中原地区不断被完善，不断成为国家治理中的重要意识形态，也不断内化成为中原人民所信仰与遵守的政治伦理。

我们必须明确的是，德治必须建立在法治的基础上，两者是相辅相成的，如果将社会发展的希望完全寄托在当政者个人道德素质的提高上，忽视了制度建设与法治的重要性，这样将有损于社会良性运行与协调发展长效机制的建立，不利于社会的正常运行。对于一个国家、一个社会的有效治理来说，德治和法治犹如车之两轮、鸟之双翼，不可偏废、缺一不可。如孟子所言“徒善不足以为政，徒法不足以自行”（《孟子·离娄上》），这句话很好地道出了道德和法律各自的局限性以及两者之间互补相济的关系。当在某些方面，如在生活琐事中，法治的作用难以发挥时，就需要德治的协调与沟通；当利用德治难以顾全大局的时候，又需要以法律的尊严与强制性去保障事情的顺利实施，这时法治的重要性就更加明显。在新时代，德治仍然有着重要的社会建设意义。

三、中原伦理的经济内涵

对中原伦理经济内涵的探讨，可以从经济伦理学的角度出发。经济伦理学将人作为经济主体，研究存在于经济运行和活动中的价值目标、伦理关系、道德原则和道德规范的总和，旨在揭示经济与伦理的内在联系，其涉及社会经济领域、经济行为主体的道德现象及其伦理问题。关于中原伦理的经济内涵，笔者从生产经营、生活消费、价值观念三个层面出发，将其概括为吃苦耐劳、勤俭节约、义利并举三个方面。

（一）吃苦耐劳

中原伦理的经济内涵所体现出来的吃苦耐劳的精神，与墨家伦理在中原地区的影响有着较为直接的关系。《墨子》在《非命》一文中提倡人定胜天、事在人为的生存态度，鼓励人们去不断改变现世中的不平等状态，指出世界是公平的，赖其力者得其生，不赖其力者不得其生，认为个人凭借自己的努力，完全可以改变自己的命运。

在长达数千年的历史进程中，中原地区旱涝灾害、政治战乱频仍，这一地区的人们在与艰苦的自然条件作斗争、与动荡的社会环境作斗争的过程中形成了自力更生、知难而进、吃苦耐劳的道德品质。时任河南省委书记的徐光春曾以“吃苦耐劳、诚实守信、见义勇为、乐于助人、大度包容、开放创新、忠诚爱国、奋发进取”来总结河南人的形象，其中吃苦耐劳排在首位。吃苦耐劳精神支撑着中原人民走出贫困、迎接繁荣昌盛的新生活，是中原崛起、河南振兴发展的重要精神财富。

红旗渠的修建，是中原人民吃苦耐劳伦理精神的重要体现。林县（现河南省安阳市林州市）自古缺水，旱灾频繁，未解决用水问题。1960年林县人民开始修筑红旗渠（原称“引漳入林”工程），在极其艰难的条件下，从1960年2月到1969年7月，历时近十年，这里的人民靠着一锤、一铲、两只手，共削平了1250座山头，架设151座渡槽，开凿211个隧洞，修建各种建筑物12408座，挖砌土石达2225万立方米，总干渠全长70.6千米，其被人们称之为“人工天河”。“自力更生、艰苦创业、团结协作、无私奉献”的红旗渠精神，已成为民族精神的一个象征。

（二）勤俭节约

勤俭节约既是中华民族的传统美德，也是中原人民的传统美德，还是中原地区人民在数千年农业社会耕种生活中形成的生活习惯与要求。在长期的农业文明的影响下，中原地区的人民崇尚辛勤耕耘，但并不富足的生活又要求他们量入为出、勤俭持家，因此勤俭节约成为中原伦理的经济内涵之一，成为中原文化所崇尚的道德品质。勤俭既是立身之本，也是立国之本。如《尚书·大禹谟》所言：“克勤于邦，克俭于家。”《周易》言：“君子以俭德辟难。”勤俭节约精神也成为中原地区社会稳定发展的基础。上到古老的帝王传说，下至政绩卓越的历史名人，及至普通的中原百姓，都把勤俭节约作为重要的道德品质加以继承。

“一粥一饭，当思来处不易；半丝半缕，恒念物力维艰”（《朱子家训》）。勤俭节约不仅是中华民族的传统美德，还是社会主义精神文明建设的重要内容之一，其已经成为一种被广为认可的优良家风与社会美德。党的十八大以来，国家层面相继倡导的“光盘行动”等举措，更使这一优良传统深入人心。中原地区经济虽然在近年来获得长足发展，但我们仍然要继续倡导与坚持勤俭节约的工作与生活作风，并将其作为实现中原崛起的支撑德目，为中原经济的可持续发展提供动力与支持。

（三）义利并举

“义”“利”关系之辨识探讨的是如何处理道义与功利的关系问题，集中体现了中原经济伦理的价值取向。儒家思想与墨家思想对中原伦理经济内涵的建构影响最大。儒家肯定“义”的内在价值，认为“义”是我们行为必须遵循的道德准则，同时亦不否认“利”之于社会生活的重要意义，如“富而可求也，虽执鞭之士，吾亦为之”（《论语·述而》），但“不义而富且贵，于我如浮云”（《论语·述而》）。儒家强调的是“见利思义”“先义后利”，即关于个人利益必须服从道德的指导。荀子更是把“义”作为人与禽兽相别的显著特征：“水火有气而无生，草木有生而无知，禽兽有知而无义，人有气、有生、有知，亦且有义，故最为天下贵也。”（《荀子·王制》）墨家看重的则是“义”的外在价值，认为“义”的可贵之处在于其能带来“利”的结果，其反对的是“子亏父而自利”“弟亏兄而自利”“臣亏君以自利”（《墨子·兼爱上》）的私利，而强调“兴天下之利”（《墨子·非乐》）的公利。也就是说，儒家和墨家都反对私利，二者的区别在于，墨家认可的最高的道德准则是公利，儒家则认为，道德原则不仅是公利，而且是高于公利的。

在这种价值观的影响下，重义轻利的观念深深植入了中原人民的血液与骨髓，成为中原人民社会交往与经济生活中的重要道德评价标准。在市场经济浪潮中，中原人民并没有被突如其来的商业利益蒙蔽双眼，而是建立了新的经济伦理要求，即既承认合理的利的获取，又重视义的重要意义，形成义利并举、义利统一的经济伦理内涵。

四、中原伦理的文化内涵

“文化伦理是一定社会群体中所有成员共同具有的认识、思想、信仰、价值观和思维方式，即表现为他们认知方式、价值观念、道德意识、道德评价和道德习惯等因素的总体性结构；它规定该群体的思维方式，反映该群体的利益取向和价值取向，其实质是人们经过长期实践活动而提炼出的心态文化结晶。”①无论是抽象的哲学观念，还是具体的生活实践，都直接或间接地受到文化伦理的影响，包含着某种社会价值精神，用以指导人们真、善、美标准的形成，并指导人们正确认识与对待自然、世界、宇宙，处理与其他社会成员、群体之间的关系。中原伦理的文化内涵，鲜明地体现为三个方面，即内省力行的理想人格、志存高远的人生追求、天人合一的人生境界。

（一）内省力行的理想人格

在中国思想史上，儒、道、墨、法、佛等不同思想对理想人格的问题都进行了长期探讨，分别提出了自己的理想人格模式，这些理想人格模式长期影响着中华儿女的人生价值取向。儒家追求的是“内圣外王”的人格理想，如《大学》所言：“物格而后知至，知至而后意诚，意诚而后心正，心正而后身修，身修而后家齐，家齐而后国治，国治而后天下平”；道家追求超凡脱俗、自然无为、返璞归真、保持纯洁的天性和淡泊的心境；墨家强调刻苦自励、济人危难、抑强扶弱、慷慨赴难的气质品格；法家的理想人格模型则较为偏颇、荒谬，如鄙弃仁义、忽视道德、推崇权位等，但其“法不阿贵”的追求是值得称道的；佛教的理想人格追求有鲜明的“出世”倾向，强调“无我”“无欲”“无争”，虽有片面之陋，但对调整心态、平息欲念不无裨益。

① 周全德、齐建英：《论中原伦理精神的基本内涵及其创造性转换》，《学习论坛》，2006年第2期，第63页。

儒家思想长期在中原地区占据主导地位，其强调人要注重“内外兼修”，可简曰为“修己内省”与“勇毅力行”。中国传统伦理认为，人性具备了道德的一切要素与可能，只要自己努力，而不苛求于外，便是道德的完成。修己内省是自我审视、思索的表现，由此带来的是自我人格完善、社会生活的安定进步。例如，“自天子以至于庶人，壹是皆以修身为本”（《大学》）；“修己以敬”“修己以安人”“修己以安百姓”（《论语·宪问》）。

修己内省的外在表现，则是发愤图强、勇毅力行的顽强追求。孔子身体力行，为图改良当时社会，知其不可为而为之，奔波周游于列国，宣讲自家“仁爱”之说。孟子以“大丈夫”为理想人格之概称：“居天下之广居，立天下之正位，行天下之正道。得志，与民由之；不得志，独行其道。富贵不能淫，贫贱不能移，威武不能屈。此之谓大丈夫。”（《孟子·滕文公下》）蔡元培对“大丈夫”的解释为：“其所谓大丈夫者，以浩然之气为本，严取与出处之界，仰不愧于天，俯不怍于人，不为外界非道非义之势力所左右，即遇困厄，亦且引以为磨炼身心之药石，而不以挫其志。”①

“修己内省”来自长期所处的“伦理社会”及其造就的“内省”的思维特性。梁漱溟指出，自秦汉后，中国的封建社会已经瓦解，已不再具有史学意义上的封建特征，而应以“伦理社会”统称之。伦理社会强调的是各种各样的伦理关系，一个人生在伦理社会中，各种伦理关系便将其包围，要他负起各种义务，摆脱不得。因而造就了“向里用力”的中国式的人生。所谓“向里用力”，也就是在遭遇困厄之时，深省自己的不足，而不苛责于外。“勇毅力行”则产生于伦理社会开放式的阶层升迁中。在伦理社会，人们在政治上、经济上都是开放的，可以依靠自己的才能，或经商致富，或苦读求仕……每个人都有可能改变自己的命运，实现自己的人生理想。如“朝为田舍郎，暮登天子堂；将相本无种，男儿当自强”（《琵琶记》）。

① 蔡元培：《中国伦理学史》，北京：中国书籍出版社，2020年版，第18页。

（二）志存高远的人生追求

“志者，心之所之。之犹向也，谓心之正面全向那里去”（《北溪字义·志》），就是人们对某一特定目标所立下的宏愿与决心。早在先秦的历史典籍中就有关于“志”的记载，如“功崇惟志，业广惟勤”（《尚书》）。春秋战国时期，诸子之言对此亦有所体现，如“一箪食，一瓢饮，在陋巷，人不堪其忧，回不改其乐”（《论语·雍也》），“故天将降大任于斯人也，必先苦其心智，劳其筋骨，饿其体肤，空乏其身”（《孟子·告子》），即强调自身修为磨炼之重要性。墨子所言：“志不强者智不达”（《墨子·修身》），指意志不坚定的人，其才智也不能得以发挥。屈原所言：“路漫漫其修远兮，吾将上下而求索”（《离骚》），将志存高远上升到一种超脱世俗功利的道德境界。

“志存高远”一词最早出现于三国时期诸葛亮之《诫外甥书》：“夫志当存高远，慕先贤，绝情欲，弃凝滞，使庶几之志，揭然有所存，恻然有所感。忍屈伸，去细碎，广咨问，除嫌吝。虽有淹留，何损于美趣？何患于不济？”诸葛亮把树立远大志向的条件归结为三点：一是向古代先贤学习；二是清心静欲，摒弃不正当的物欲与情欲；三是克服前进道路上的诸多不利因素。他在其《诫子书》中又分析了立志的条件、目的及立志与才学之间的关系：“静以修身，俭以养德。非淡泊无以明志，非宁静无以致远。夫学须静也，才须学也，非学无以广才，非志无以成学。”而“竹林七贤”之一的嵇康更是在其《家诫》中把立志作为人生的第一要义，“人无志，非人也”。也就是说，一个人如果没有远大的志向，就不能称其为真正的人。苏轼也说：“古之立大事者，不惟有超世之才，亦必有坚忍不拔之志。”（《晁错论》）这句话的意思是，但凡成就伟大事业的人，不仅因其有非凡的才能，更是因其有坚忍不拔的意志。

从以上论述可以看出，“志存高远”是一种积极入世的指导思想，是人生态度的价值取向问题，是关于是庸庸碌碌了其一生，还是胸怀天下有所作为的人生观的哲思。从小的方面而言，其是社会个体进取发展的基本素养，如“夫志，气之帅也”“持其志，无暴其气”（《孟子·公孙丑上》）；从大的方面来说，其则是社会整体前进发展的不竭动力。

（三）天人合一的人生境界

古代思想家对于“天”的理解，笔者认为可以概括为两种不同观点。一是指有人格、有意识的神灵，如孔子言：“文王既没，文不在兹乎？天之将丧斯文也，后死者不得与于斯文也；天之未丧斯文也，匡人其如予何？”（《论语·子罕》）二是指自然之天、物质之天，如孔子言：“天何言哉？四时行焉，百物生焉，天何言哉？”（《论语·阳货》）荀子言：“天行有常，不为尧存，不为桀亡。”（《荀子·天论》）笔者此处依据庄子的言论，将天理解为广大的自然。如“知天之所为，知人之所为者，至矣”（《庄子·大宗师》）。“何谓天？何谓人？……牛马四足，是谓天；落马首，穿牛鼻，是谓人”（《庄子·秋水》）。笔者认为“人”也不能被理解为个体，而应理解为人的生产、生活的活动及其带来的结果。

“在先秦时代，很多思想家在讲到人与自然的统一性的时候，主要是从人的道德精神所达到的境界以及人的合目的的活动同自然的规律性的关系来说的。”①在此，笔者对“天人合一”的理解也分两个方面展开。

一方面，“天人合一”是指人与自然的和谐相处，即“人的合目的的活动同自然的规律性的关系”问题。关于人与自然的关系，中国古代哲学中有三种学说。第一种学说主张因任自然，例如，“不以人助天”（《庄子·大宗师》），“无以人灭天”（《庄子·秋水》）。第二种学说主张改造自然，如“大天而思之，孰与物畜而制之？从天而颂之，孰与制天命而用之？”（《荀子·天论》）第三种学说即天人协调、共生共融的思想，如《周易·文言传》云：“夫大人者，与天地合其德，与日月合其明，与四时合其序，与鬼神合其吉凶。先天而天弗违，后天而奉天时。”先天，即引导自然；后天，即顺应自然。也就是说，在自然未加变化之时予以引导，在自然变化之后注意适应，即天人交相协调。根据这种思想，人们的生

① 李泽厚、刘纲纪：《中国美学思想史——先秦两汉编》，合肥：安徽文艺出版社，1999年版，第460页。

产、生活必须遵从自然界的规律与承受能力，在其基础之上利用自然、改造自然，在不损害自然的前提下，满足人类的需求与谋求发展。这对于解决当今社会存在的自然环境破坏、生态失衡等问题，具有积极的启迪与指导意义。

另一方面，“天人合一”不仅关涉生产生活活动，更关涉更高层面的道德追求与精神境界提升，成为一种道德指向，如最早提出“天人合一”一词的北宋哲学家张载在《西铭》中所言，“乾称父，坤称母。予兹藐焉，乃混然中处。天地之塞吾其体，天地之帅吾其性，民吾同胞；物吾与也”。在这一道德价值的层面上，人们追求的是一种天人合一、人与自然和谐交融的人生境界，人们认识到“一个真正的人的博大气象，乃是以自己的生命贯通宇宙全体，努力成就宇宙的一切生命。这就是人类生命的价值与归宿……人在本质上，在精神本体上与宇宙同其伟大，宇宙创造精神与人之间，无有间隔，人自可日新其德，登跻善境”[①]。这是一种超然豁达的道德境界，是一种达观、志远的世界观、人生观、价值观，这对中原地区的社会建设与经济发展、对提升中原人民的道德修养与精神追求，发挥着重要的道德建构作用。

第三节　中原伦理的核心精神

丰富而又深刻的中原伦理蕴含在博大精深的中原历史文化之中。孔子的“仁义为本，孝悌为用”，墨子的“兼相爱，交相利”（《墨子·兼爱下》），老庄哲学的“绝圣弃知”（《道德经》第十九章），管子的“仓廪实则知礼节，衣食足则知荣辱”（《管子·牧民》），这些在中原大地传承千年的伦理哲思对中原人民道德规范的形成，对促使中原人民形成正确的思想意识，对中原地区的文化建构与经济发展都产生了重大的影响。包容进取的伦理精神是数千年来中原人民伦理实践的经验总结。三皇五帝的伟

① 张岱年、方克立:《中国文化概论》,北京:北京师范大学出版社,2004年版,第254页。

岸形象与故事传说、愚公移山的坚韧不拔、大禹治水的不屈不挠，成为中原人民自强不息、艰苦创业的精神支撑，凝聚起服务中原崛起、建设出彩河南的精神力量。而中原伦理的核心精神，是中原伦理拥有如此广阔生命力与现实影响的根源，笔者认为可以将中原伦理的核心精神概括为“中庸”“和谐”“正义”“爱国”四个方面。

一、中原伦理的中庸精神

很多语言学家都认为，语言对思维有着重要影响，如“萨丕尔-沃尔夫假说”中的“语言相对论”就指出：语言影响着思维，思维是人们感知外部世界的抽象渠道，语言也就影响着人们对外部世界的感知[①]。此理论也适用于中原伦理的形成与发展过程。河南话中最广为人知的莫过于一个“中”字。由中国、中华、中师、中央、中州、中原、中庸、中和等概念形成的“中文化”，也成为中原文化研究的一个重要组成部分。“河南之所以会形成独特的‘中’文化现象，经过了一个复杂而漫长的过程。‘中’文化现象的形成、发展乃至成熟，主要是三方面因素不断作用的结果：首先，与河南‘天下之中’的地理位置有关……其次，‘问鼎中原’‘逐鹿中原’等持续不断的战争一再突出‘中’的地位……第三，‘中’在河南的意义得以提升，还要归功于‘中庸之道’的思维观念和行为方式长期作用的结果。”[②]在“中”文化的影响下，“中庸”成为论述中原伦理时必不可少的内容，更是中原伦理最重要的精神内涵。

（一）从“天下之中”到“中庸之道”

在具有哲学含义之前，“中”最早是一个方位名词。当禹建立夏王朝

① 参见陈运香：《萨丕尔-沃尔夫语言相对论对语言文化对比研究的启示》，《西安外国语学院学报》，2007年第1期，第29页。

② 程遂营：《从“天下之中”到“中庸之道”——河南“中”文化现象解读》，《中原文化研究》，2015年第1期，第88页。

后，他将统治区域划分为九州，即冀州、兖州、青州、徐州、扬州、荆州、豫州、梁州、雍州，其中豫州大致相当于今天的河南，位于九州之中心，夏王朝都城阳城即位于今河南登封高成镇，由此，豫州逐渐有了“中州”之称。

及至西周，周成王鉴于当时都城镐京（今西安附近）略偏西北，派遣周公旦考察设立洛阳为陪都的可能性，就有了周公所说的“此天下之中，四方入贡道里均”（《史记·周本纪》）。依据这个论断，周成王将洛阳设定为西周陪都，中原作为“天下之中”的说法也由此而来。到了周平王时期，他把都城迁到了洛阳，豫州“天下之中”的区位优势更加明显。正如荀子所言：“欲近四旁，莫如中央；故王者必居天下之中，礼也。”（《荀子·大略》）

自西周起，在南宋把都城迁到临安以前，各王朝都城大都分布在黄河中下游地区。夏、商、周、东汉、魏晋、北宋的都城大致分布在中原地区的洛阳、开封、郑州、安阳等地。西周、秦、西汉、隋、唐等朝代虽然建都于关中，但也仍将洛阳作为东都或陪都，统治者也非常重视中原地区的城市建设，因此，作为天下之中的中原地区始终被历朝历代的统治者关注着。

在这样的政治环境下，中原地区理所当然地成为我国最早的政治、经济与文化的中心区域。黄帝与炎帝时期，中华民族的先祖已经在中原地区尤其是河洛地区生存繁衍；殷商时期，统治者建都今日之安阳，创造出了世人瞩目的殷商文化；春秋战国时期，中原地区是诸子百家的主要活动区域，诸子学说争鸣于此、传播于此、繁荣于此；在东汉、北魏、隋唐及北宋时期，中原地区又成了道教、佛教、玄学、理学、诗词、书法、绘画的策源地……因此，中原地区在中华文明发展进程中的地位十分重要。

在中原地区如此丰富的思想文化影响下，“不偏不倚，无过无不及”的“中庸”精神不断酝酿与发展着，逐渐成为中原伦理的核心精神之一。

中庸的思想观念形成于春秋战国时期，这与当时社会政治环境与诸子学说争鸣有着很大的关系。面对诸侯混战、国无宁日、人生无常、生活艰难的社会现状，不同学派的思想进行着激烈的交流与交锋。“道家主张‘用弱’，即被动地接受现实，安于现状；法家主张‘用强’，即用强力手段改变现实，以此获得眼前的利益；而儒家则主张‘用中’，即保福远祸、不走极端，通过逐渐的改良来达到目的。”[①]对比三者来看，儒家强调的“用中”思想，采取保福避祸的态度，主张居安思危、有备无患，更加具有积极的社会建构意义。

《中庸》是儒学的经典论著，其原属《礼记》的一篇，到宋代独立成篇。《礼记·中庸》载：“仲尼曰：‘君子中庸，小人反中庸。君子之中庸也，君子而时中。小人之反中庸也，小人而无忌惮也。’”意思是说，孔子认为，君子总是按中庸行事，小人总是违背中庸。君子之所以总是按中庸行事，是因为君子总能随时做到适中，无过无不及；小人之所以违背中庸，是因为小人肆无忌惮，好走极端。《中庸》中还提出“诚者不勉而中，不思而德，从容中道，圣人也”，即天生诚实的人，不必勉强为人处世合理，不必思索言语行动得当，从容不迫就能达到中庸之道，这种人就是圣人。

“中庸之道”是儒家思想的核心。在儒家思想中，中庸既是一种伦理与价值规范，也是一种方法与行为准则，儒家将中庸视为为人最重要的道德标准，认为过犹不及，追求恰到好处。孔子曾言：“中庸之为德也，其至矣乎！民鲜久矣。”（《论语·雍也》）认为中庸作为一种德行，达到了至高无上的境界。《礼记·中庸》中说：“喜怒哀乐之未发，谓之中，发而皆中节，谓之和……致中和，天地位焉，万物育焉。”其意思是，喜怒哀乐不表现出来，就是“中”；喜怒哀乐表现得恰到好处，则是“和”；若能做到“中”与“和”的统一，天地万物就达到了完美的和谐境界。后代儒家对中庸也有进一步解释，董仲舒在《春秋繁露·循天之道》中说：“德莫大于和而道莫正于中”。他把“中”与“和”看作“道”与“德”的最高境界。北宋理学家程颢也说：“不偏之为中，不易之为庸。”（《二程遗书》

① 程遂营：《从“天下之中”到“中庸之道”——河南“中”文化现象解读》，《中原文化研究》，2015年第1期，第91页。

卷七）

值得一提的是，朱熹对《中庸》的理解与诠释在其庞大的思想体系中占据着十分重要的地位。朱熹认定《中庸》乃“子思子忧道学之失其传而作也”，将《中庸》与《大学》《论语》《孟子》并列，一同奉为儒学的重要经典。按照朱熹的理解，“中”即“道”，而“道”乃“天理之当然”，“择乎中庸，辨别众理”成了人们的“成德”之途。当朱熹“合内外”而言“中庸”时，“中庸”的伦理层面上的意蕴更加完备了。这种伦理层面上的“中庸”，已不单是作为道德个体的一种道德品质，或者说已不是个体行为中的道德意识，而是社会群体必须遵循的一种外在的行为原则①。

（二）中原伦理中中庸精神的主要表现

中庸是中原伦理的核心精神之一，对中原人民的道德修养、为人处世乃至政治实践都产生了重要影响，在此思想的影响下，中原人民形成了不偏不倚、以和为贵的性格特征。

第一，在个人道德修养方面，儒家将中庸作为最高的道德境界。

中庸是儒家最高的德行、最高的道德标准，也是道德修养的最高境界——至诚或至德。《中庸》开篇讲：“天命之谓性，率性之谓道，修道之谓教”，认为“性”是人的自然禀性，按照自然禀性行事便是“道”，比如君惠臣忠、父慈子孝、兄友弟恭、夫义妇顺、朋友有信等。《中庸》又以“诚”进一步说明“道”与“性”，认为“诚者，天之道也；诚之者，人之道也”。“诚”是“物之终始，不诚无物”。《中庸》中还提及与“道”和“性”相关的重要概念“中和”，其言：“喜怒哀乐之未发，谓之中，发而皆中节，谓之和。中也者，天下之大本也；和也者，天下之达道也。致中和，天地位焉，万物育焉。”这句话诠释了“致中和”就达到了至善、至诚、至道、至圣、至德的境界。因此，“中和”就是“诚”“性”“道”，是人之为人的根本，是君子必备的修养。这种“至诚至真”的心理，便是人

① 参见田文军：《道德的中庸与伦理的中庸》，《武汉大学学报》（哲学社会科学版），2004年第5期，第603页。

内心“中”的状态，是道德修养的最高境界。“诚”不仅能“成己”，还能“成物”，不仅能“尽人之性”，还能“尽物之性……赞天地之化育”，并能“与天地参矣”。因而《中庸》言：“故君子尊德性而道问学，致广大而尽精微，极高明而道中庸，温故而知新，敦厚以崇礼”，要求人们在日常行为中追求真善美的合一境界。

作为个人道德修养的最高要求，中庸也表现在其“难为”上。想要达到中庸境界是具有较大难度的，只有像舜那样的人才能真正做到，如《中庸》第六章中言：“舜好问而好察迩言，隐恶而扬善，执其两端，用其中于民。其斯以为舜乎！”也就是说，行“中庸”不仅要求要懂得何为“中庸”，而且还要有行中庸之道的自觉意识，更要能像尧舜一样有丰富的经验和过人的见识，此外，还得有博大的胸襟和宽容的气度。缺乏大德大智便难以真正达到中庸，而一般人很难拥有大德与大智。孔子将中庸看成是世界上最难做到的事情，“天下国家可均也，爵禄可辞也，白刃可蹈也，中庸不可能也”（《中庸》第九章），意思是说治理国家、放弃官爵俸禄、脚踩锋利的刀刃，都是很难做到的事情，但有人还是做到了；中庸，看起来比这三件事情要容易，但真正做起来却难得多。当然，孔子把中庸之道说得这么难，是想引起人们的高度重视，希望人们极力提倡中庸、认真践行中庸。中庸之“难为”在于行“中庸”之道需要大智慧，需要真胆量和大勇气，还要敢于坚守自己的道德信念，即“天下有中，敢直其身”（《荀子·性恶》），而不能“人皆曰予知，择乎中庸，而不能期月守也”（《中庸》第七章），意思是：人人都谈自己聪明，可他们行了中庸之道却不能坚持，最终还是背离中庸之道。我们应该做到像颜回那样“择乎中庸，得一善，则拳拳服膺而弗失之矣”（《中庸》第八章）。由此可见，中庸之道十分难为，不仅要求人们外在的行为要合乎中庸，也要求内在保持中庸的状态，这就使得君子不仅要在外在行为上做到中庸，还要在内在道德修养上达到中庸，最终实现身心和谐。

第二，在为人处世方面，中庸是一种重要的伦理准则。

“从伦理学角度看，中庸，在人与人、人与自然关系方面，追求‘和而不同’的中和境界；在道德行为上，坚持‘过犹不及’的理性精神；在道德选择上，发挥‘随时而中’的权变智慧；在道德规范上，坚持‘兼德而至’的辨证思维原则。”①

“和而不同”，从辩证法角度看就是矛盾的对立和统一，如《中庸》说：“喜怒哀乐未发，谓之中，发而皆中节，谓之和。中也者，天下之大本也；和也者，天下之达道也。致中和，天地位焉，万物育焉。”儒家学派具有鲜明的“重和去同”价值取向，如孔子言：“礼之用，和为贵。”（《论语·学而》）“君子和而不同，小人同而不和。”（《论语·子路》）孟子也言：“天时不如地利，地利不如人和。”（《孟子·公孙丑下》）汉代董仲舒在《春秋繁露·循天之道》中也说：“德莫大于和。”及至宋代，哲学家张载在《正蒙·太和篇》中说：“太和所谓道，中涵浮沉、升降、动静相感之性，是生絪缊相荡、胜负、屈伸之始。”中国当代著名哲学家冯友兰也指出：“这种和谐，不仅是指人类社会，它也渗透全宇宙，构成所谓‘太和’。”②《中庸》所说的“万物并育而不相害，道并行而不相悖”，正体现了儒家追求的“和而不同”的中和境界。儒家伦理认为，人与人之间、人与自然之间只有和谐相处，才能实现社会秩序的稳定，这也是践行中庸所要达到及可以实现的目的之一，中庸所体现的中和精神，能够有效地化解偏激思想、消解极端行为，减少人际关系的紧张对立，这对于中原地区长久稳定和发展有着积极的促进作用。同时，我们也要清晰地认识到，这种道德观念也容易形成“老好人”思想，有着消解创新进取精神的负面影响，这种负面影响也在一定程度上导致了中原人民相对缺乏竞争与开拓意识，这是我们必须警惕与摒弃的。

“过犹不及”体现的是道德行为上的理性精神，儒家伦理认为，中庸就是“执其两端而用其中”，找到最合适的“中”的关键，是认清事物的两端，任何事物都有一个“度”，超过了必须遵守的度，事物就会发生质的变化，甚至走向对立面。“过犹不及”来源于孔子与其弟子的对话中，其

① 迟成勇：《论中庸的伦理意蕴》，《西华大学学报》（哲学社会科学版），2007年第1期，第36页。

② 冯友兰：《中国哲学简史》，赵复三译，成都：四川人民出版社，2020年版，第133页。

对中庸之道进行了较为充分的诠释。子贡问："师与商也孰贤？"子曰："师也过，商也不及。"曰："然则师愈与？"子曰："过犹不及。"（《论语·先进》）这些对话的意思是子贡问孔子："颛孙师（即子张）与卜商（即子夏）谁更优秀？"孔子说："颛孙师有些过分，卜商有些赶不上。"子贡说："这么说颛孙师更强一些吗？"孔子说："过分与赶不上同样不好。"宋代著名理学家朱熹对此进行了注解：子张才高意广，而好为苛难，故常过于中。子夏笃信谨守而规模狭隘，故常不及。过和不及，都是差之毫厘，谬以千里。孔子教育学生要行中庸之道，认为过度与不足同样不好。

正如孔子所言，在对中庸之道的践行中，我们也要注意"过犹不及"的度的问题，即使是"善"，做过了头，超越了事物应有的度，也会使原有的道德要求发生质变，由开始的"善"变成了最终的"恶"，这就是一种"度"的分寸的把握。中原伦理非常重视道德实践上的中庸，认为道德中的"善"，在于两种相互对立行为与品质中的不偏不倚、恰到好处。当然，我们对"过犹不及"，也应该持有另一种辩证的"中庸"观，即对"过犹不及"的坚守也要不偏不倚、恰到好处，过于强调"过犹不及"，将会导致人们思想上的僵化定势与行为上的故步自封。正如国学大师张岱年所说："在历史上，在一定的范围内，超越传统的限度，往往可以实现巨大的飞跃。如果固守'过犹不及'的中道，就不可能大步前进了。"①

"随时而中"是审时度势的道德选择，是"中庸"伦理思想中对"过犹不及"的自我修正。在道德实践中，人们不应该一味固守道德原则，而应该从实际情况出发，具体问题具体分析，做出与事实本身相适应的道德反应与行为，即实现原则性与灵活性的有机结合。如《中庸》言："君子之中庸也，君子而时中。"朱熹言："中无定体，随时而在"，"随时以处中"（《四书集注·中庸章句》）。孔子也曾用"大德""小德"论证了原则性与灵活性的关系，他曾说："大德不逾闲，小德出入可也"（《论语·子张》）。"大德"即要始终坚持的不可动摇的基本原则，"小德"即因事因地应采取的具体的方式方法。

① 张岱年：《张岱年文集》（第六卷），北京：清华大学出版社，1995年版，第461页。

在具体的道德实践中，伦理规范是指原则性的、一般性的规定，不可能为所有情况下的行为提供具体指导，因此，“随时而中”的道德选择就非常重要。“随时而中”首先体现在对原则的坚守上，其要求秉持中庸之道的人们在思想与行动上要坚定自己的信念，反对人云亦云、见风使舵的“乡愿”行为。孔子曾抨击：“乡愿者，德之贼也。”（《论语·阳货》）孟子对“乡愿”之人做如下解释：“非之无举也，刺之无刺也，同乎流俗，合乎污世，居之似忠信，行之似廉洁，众皆悦之，自以为是，而不可与入尧舜之道，故曰：‘德之贼’也。”（《孟子·尽心下》）从两人的言论中我们可以看出，“乡愿”之人就是那些没有是非曲直观念和原则底线，一味媚于世俗、与世俗同流合污或随波逐流的“老好人”与“伪君子”。“随时而中”的“中”是一个辩证的概念，不是静止不变的，而是随着事物的变化而变化。“随时而中”即尊重客观事实，用发展的眼光看问题，对变化发展着的事物，实事求是、具体问题具体分析，这充分体现了辩证发展的思想。同时，“随时而中”也蕴含着鲜明的进取精神，其中包含的审时度势、随机应变，也是与时俱进的表现，是一种积极进取的意识，要求客观主体时刻关注社会发展趋势，关注时代前进方向，主动适应环境变化，积极调整自己行为，与新的环境保持一致，并与之形成不偏不倚、无过无不及的中和关系。

“兼德而至”强调了德行的全面性，如南宋刘劭言：“是故兼德而至，谓之中庸。”（《人物志·九征》）孔子说：“恭而无礼则劳，慎而无礼则葸，勇而无礼则乱，直而无礼则绞。”（《论语·泰伯》）在孔子看来，光有美德“恭”“慎”“勇”“直”还不够，还需要“约之以礼”，否则容易让美德出现偏差。孔子又说：“质胜文则野，文胜质则史，文质彬彬，然后君子。”（《论语·雍也》）意思是一个人如果“质”胜“文”，则会显得粗俗鄙陋；如果“文”掩盖了“质”，则会显得华而不实；只有“文”和“质”相得益彰、互为表里、恰如其分，才是君子的品格。可见，在孔子看来，“文”和“质”之间，突出强调任何一方，都会失之偏颇。因此，践履道德，如果只考虑一种德而不顾他德，势必会有偏失，从而背离中庸之道。再如“仁”，其作为儒家思想的核心，也不是孤立存在的。孔子认为，完整的道德应该是智、仁、勇的统一，即如孔子所言之：“智者不惑，仁者不忧，勇者不惧。”（《论语·子罕》）《中庸》所言：“智、仁、勇三者，天下之达德也。”孔子将智、仁、勇三种品质并称为“君子道者三”（《论语·宪问》），认为一个品行高尚的君子，必须同时具备智、仁、勇三种品质。

第三，在政治实践上，中庸是实现“天下平”的治世之道。

面对春秋末期社会动乱、战争频繁、百姓颠沛流离的状况，孔子以“大同世界”为理想，勾勒出一幅美好的生活图景：“大道之行也，天下为公，选贤与能，讲信修睦。故人不独亲其亲，不独子其子，使老有所终，壮有所用，幼有所长，矜寡孤独废疾者皆有所养，男有分，女有归。货恶其弃于地也，不必藏于己；力恶其不出于身也，不必为己。是故谋闭而不兴，盗窃乱贼而不作，故外户而不闭，是谓大同。”（《礼记·礼运》）他还指出，要实现这种“大同”，关键在于提升每个人的道德修为，即“故为政在人，取人以身，修身以道，修道以仁”（《礼记·中庸》）。他认为只有达到中庸境界，大家心平气和、和谐相处，社会才会安定，天下才会太平，如《中庸》所言：“致中和，天地位焉，万物育焉。”

中庸所强调的各安其分、各得其所、以和为贵，进而实现社会稳定与秩序和谐，正是儒家所要追求的政治状态。孔子云：“礼之用，和为贵。先王之道，斯为美。小大由之，有所不行。知和而和，不以礼节之，亦不可行也。”（《论语·学而》）其意思是礼的应用，以和谐为贵。古代君主的治国方法，宝贵的地方就在这里。但不论大事小事都按和谐的办法去做，有的时候就行不通。（这是因为）为和谐而和谐，不以礼来节制和谐，也是不可行的。在孔子看来，社会上的每个人都能做到各安其位，各得其宜，“君子素其位而行，不愿乎其外。素富贵，行乎富贵；素贫贱，行乎贫贱；素夷狄，行乎夷狄；素患难，行乎患难。君子无入而不自得焉”（《中庸》第十四章）。这段的意思即君子在他当下的地位去做事，不羡慕他职位以外的。平素富贵，就按富贵人的方式去做事；平素贫贱，就按贫贱人的方式去做事；边远的族群，就按边远族群的方式去做事；平素患难，就按处于患难之中的状况去做事。君子无论在什么情况下都能安然自得。这种观点自然带有极大的偏颇之处，但抛弃其糟粕部分，我们可以看到其要求大家和睦相处、安心做事，强调追求社会有序、天下安定，这对和谐社会的建设、对社会的稳定发展有着积极的建构意义。

二、中原伦理的和谐精神

“中原文化的和谐精神，是指孕育和体现在中原文化中突出地崇尚、倡导和谐，或者中原文化各方面协调互补、相互促进、和谐发展的精神。”① 作为中原文化核心的中原伦理，更是蕴含着深刻与鲜明的和谐精神，其既主张个人所要达到的天人、人际、身心的和谐，又主张社会发展中的和谐，以及不同文化之间的和谐共生。因此，和谐精神成为中原伦理的核心精神之一。

（一）中原伦理和谐精神的思想来源

中原伦理的形成，是中原地区数千年间不同思想相互融合发展的结果，也是中原人们道德实践的经验总结。从思想文化史的角度看，在中原地区广为流传的道家思想、墨家思想以及易学思想，对中原伦理和谐精神的形成发挥着重要作用。

第一，中原道家的和谐思想。

道家思想的基本观念是阴阳相和，他们认为天下万物都是相反相成的，阴阳二气在相互激荡间交合而成新的和谐统一体。如《道德经》中言：“万物负阴而抱阳，冲气以为和。”《庄子》中也多处论及“阴阳调和”“阴阳之和”“阴阳和静”，并提出“当是时也，阴阳和静，鬼神不扰，四时得节，万物不伤，群生不夭”（《庄子·缮性》）。同时，道家也强调“至和”“太和”的思想观念，其中“至和”指的是最精纯的“和”，“太和”

① 杨翰卿：《中原文化的和谐精神》，《学习论坛》，2006年第11期，第63页。

指的是最高的“和”。如《庄子》中的“太和万物”的观念，这一观念强调既要实现社会的和谐，也要追求自然的和谐，即“夫至乐者，先应之以人事，顺之以天理，行之以五德，应之以自然。然后调理四时，太和万物”（《庄子·天运》）。道家还提出了实现和谐的具体路径，即实现国和、民和、家和、身和。

第二，中原墨家的和谐思想。

墨家伦理中的和谐思想包括国家和谐、君民和谐、万民和谐、家庭和谐、身心和谐等。墨家尤为强调社会人际关系的和谐，强调社会中不应有等级贵贱之分，其和谐思想更加彰显了和谐的本质，体现了对和谐思想贯彻的彻底性。“兼爱”是墨家和谐思想的根基。墨子对乱世可谓极其痛恨，他的理想是天下大治，坚决反对天大之乱，对社会的稳定和谐充满了期待与向往。墨子认为，天下之乱的根源在于“交相恶”，我们要通过“天下兼相爱”实现天下的“治”。墨子的“兼相爱”，是爱他人、爱国家、爱社会、爱天下，而非自私的自爱。墨家认为，“兼相爱，交相利”（《墨子·兼爱下》），能够使国家、社会、天下非攻非命、尚贤尚同，能够“兴天下之利，除天下之害”（《墨子·兼爱下》），实现天地和、天下和、上下和、万民和、家庭和，即墨家所期待的“一天下之和”（《墨子·非攻下》）。

第三，中原易学中的和谐精神。

易学发源于中原，也发展于中原，《周易》被誉为“群经之首，大道之源”，其包含着丰富的自然、人类社会知识，以及处理人与自然、人与人之间关系的和谐思想。如《周易》中的八卦，即代表八种自然界的物质：天地、雷风、水火、山泽。天和地相对，雷和风相对，水和火相对，山和泽相对，自然界的八种物质都是两两相对、相互依存的。同时，易学认为“一阴一阳之谓道”（《周易·乐辞上》），并将其视作天地万物包括人类社会发展变化的基本规律。“阴”与“阳”是《周易》里的符号，整个《周易》六十四卦都是由阴阳两个符号构成，八卦分阴阳，六十四卦也分阴阳，所以说“《易》以道阴阳”（《庄子·天下》）。“阴”“阳”代表了宇宙的两个组成部分，这两个组成部分相互依存，互不分离。也就是说，包括宇宙、自然、社会、人生在内的世界上所有的事物，都是由阴阳两方面共同组成的，阴阳的对立统一构成事物发展变化的全过程。

（二）中原伦理和谐精神的主要表现

和谐精神作为中原伦理的核心精神之一，对中原地区社会文化发展和中原人民道德理想的建构产生了重要且深远的影响。在和谐精神的影响下，中原地区人民不断形成创新、不争、友善、尚德等优秀品质，具体表现为与时偕行、自然无为、兼爱友善、崇仁尚德四个方面。

第一，与时偕行。

“与时偕行”在诸子百家思想中有诸多体现。如易学的和谐观认为，天地万物处于不断的发展变化之中，作为天地万物中一部分的人，也应该持之以恒，不断奋斗，并随天时的变化采取相应的行动，即“凡益之道，与时偕行”（《周易・益卦・彖传》）。这种积极进取的精神，已经成为中原伦理的底蕴。同时，墨家也强调与时偕行，法家商鞅、申不害、韩非等人的“因时变法”“世异则事异，事异则备变”“不期修古，不法常可”（《韩非子・五蠹篇》）等言论与行动也充分体现了与时偕行。道家的“无为”，其实也是“无所不为”，同样体现着一种与时偕行、积极进取的创新精神。

因此，与时偕行与刚健有为、自强不息具有重要的逻辑联系，如《周易》所言：“天行健，君子以自强不息”。与时偕行的中原伦理更加突出刚健有为、自强不息的精神之于社会建设的重要意义，这不仅是中华民族精神的写照，更体现着中原人民的精神品格。历史上的中原儿女，用自己的行动践行着与时偕行、刚健有为、自强不息的道德品质。如焦裕禄带领兰考人民战风沙、抗灾害的顽强精神，杨水才“一不怕苦、二不怕死”的奉献精神，史来贺、王洪彬、张连成等优秀共产党员带领群众勤劳致富的奋斗精神，以及被赋予了新时代内涵的敢想敢干、开拓进取、坚韧不拔、团结奋斗的新愚公精神，都生动诠释了“与时偕行”这种伦理精神在中原地区的影响力。与时偕行的精神内核将在中原地区社会经济建设、中原崛起的进程中，发挥出更大的影响力。

第二，自然无为。

“无为”是道家思想的核心概念，如老子所言：“天地不仁，以万物为刍狗；圣人不仁，以百姓为刍狗。天地之间，其犹橐乎？虚而不屈，动而愈出。多言数穷，不如守中。”（《道德经》第五章）道家认为，天地是不偏不倚的，万物自有其发展规律，我们要坚持“无为而治”。“无为”不仅指政治意义上的“无为”，也指为人处世中的“不争”。其“无为”思想包含着丰富的内容，即“无事而无扰，清静而不躁驰，无欲而安逸，柔弱而不逞强，为易、小而不为难、大”①。

在政治上，“无为”即“无事”，强调要顺应客观规律去做事，道自足，万事万物自足，人和万物都能自行其是，反对统治者苛政扰民，即“取天下常以无事。及其有事，不足以取天下”（《道德经》第四十八章）。在为人修养上，道家主张“无为”“清静”，“躁胜寒，静胜热。清静为天下正”（《道德经》第四十五章），倡导人们要保持清静的心境状态，顺应万事万物的变化而变化，做到以静制动。

道家自然无为思想具有重要的现实意义。首先，有利于人与自然和谐相处。“天之道，损有余而补不足；人之道则不然，损不足以奉有余。孰能有余以奉天下？唯有道者。是以圣人为而不恃，功成而不处，其不欲见贤。”（《道德经》第七十七章）道家始终关注自然环境，将自然规律喻为一根弓弦，认为自然规律这根弦在张弛之中体现了自然的平衡与和谐，以此号召人们顺应自然规律，做到无为而无所不为。

其次，道家自然无为思想有利于促进人自身的和谐发展以及人与自然的和谐相处。道家要求人们淡泊名利，知足常乐，如老子言：“名与身孰亲？身与货孰多？得与亡孰病？甚爱必大费，多藏必厚亡。故知足不辱，知止不殆，可以长久。”（《道德经》第四十四章）道家还强调人们在社会交往中，也要做到“无为”，达成人与人之间、人与社会之间的和谐。“善

① 高秀昌：《〈老子〉“无为而治”思想阐释》，《社会科学研究》，1995年第1期，第72页。

者吾善之，不善者吾亦善之，德善。信者吾信之，不信者吾亦信之，德信”（《老子·四十九章》），意思是善良的人，我善待他，不善良的人，我也善待他，这样可使人人向善；守信的人，我信任他，不守信的人，我也信任他，这样可使人人守信；人人向善、诚信，人与人之间就可以实现和谐相处。

第三，兼爱友善。

兼爱友善的和谐精神，主要体现于春秋战国时期在中原地区发轫的墨家文化中，其是墨家政治思想最重要的组成部分。《墨子》一书的关键词，可以用兼爱、非攻、尚贤、尚同概括，“兼爱”即无差别的爱，“非攻”即反对不义之战争，“尚贤”即提倡贤人政治，“尚同”即上下之间的统一管理。其中，“兼爱”为四者之根本。墨家认为，不兼爱或曰偏爱是天下一切祸乱的根源，提出要兴天下之利，除天下之害，要求人们尤其是仁人圣人做到兼爱，即《墨子》所言：“视人之国，若视其国；视人之家，若视其家；视人之身，若视其身。”“人与人相爱，则不相贼。”“天下之人皆相爱，强不执弱，众不劫寡，富不侮贫，贵不敖贱，诈不欺愚。”

在肯定“兼爱”之后，墨子又提出了“尚贤”的道德要求。尚贤，就是要尊重、重视和任用有能力的人做事，使其从事与自身能力相符合的工作，担任相符合的职位，即使是国家之君主，也要以是否“贤”为取舍标准，即“夫尚贤者，政之本也”（《墨子·尚贤》）。墨子也指明了自己所认可的“贤”的标准，即“德才兼备”。关于“非攻”，其以“兼爱”为理论基础，以“义”为价值标准。“非攻”即反对不义战争，其是处理国与国之间关系的准则，有利于实现社会的稳定与人民生活的安宁。“尚同”则是选拔人才的办法，其可进一步被延伸为百姓与天子皆上同于天志、上下一心，以获得天下大治。墨家思想蕴含着鲜明的“和谐”意蕴。虽然墨子所宣扬的社会理想有着较多的空想成分，在当时的社会环境下缺乏实施的现实土壤，但这种充满和谐友爱的社会理想，成为中原地区人民孜孜追求的精神品格，其也正是当今我国开展社会主义精神文明建设的重要目标。

第四，贵和尚德。

中原伦理根源于夏、商、周三代文化之中，周代的思想观念又孕育出了儒家伦理的精神内核，即孔子所说的“周监于二代，郁郁乎文哉，吾从周。”（《论语·八佾》）儒家传统伦理道德包含修己、待人两个方面的内容，具有鲜明的贵和尚德的和谐精神，其又通过社会实践，逐渐由一种思想观念演变成为指导社会实践与生活方式的伦理道德，并成为中原伦理的主要内容。从历史上看，北宋以前各朝各代的都城大多建立在中原地区，统治阶级对儒家学说的尊崇与利用对中原伦理的建构产生了重要影响，贵和尚德所蕴含的和谐精神，自然成为中原伦理中和谐精神的重要思想来源。

贵和尚德思想体现为对宇宙自然的和谐、人与自然的和谐，以及人与人之间的和谐的重视。人与人之间的和谐是这一思想的核心。其在政治方面表现为以尚德不尚武为价值取向的“协和万邦”的政治理想，即统治者应以道德修养和教化为本，先治理好自己的民族、国家，再以此去感化其他民族和国家，把和谐作为重要原则来处理国与国、各民族之间的关系。在处理人与自然的关系时，其提倡要尊重自然规律，强调人类应该尊重自然、认识自然、保护自然、顺从自然，强调人类应当而且必须要与自然和谐相处，反对向自然过分索取，注重保护自然环境和生态平衡。如《孟子·梁惠王上》言：“不违农时，谷不可胜食也；数罟不入洿池，鱼鳖不可胜食也；斧斤以时入山林，材木不可胜用也。”在处理人与人的关系时，其提倡要坚持和顺、和睦、和美、和解的宽和处世态度，积极追求以形成和谐的人际关系为主题的大同社会，强调个人要想生存，就离不开社会，而社会要想稳定，就离不开其内部人际关系的和谐。如荀子言：“力不若牛，走不若马，而牛马为用，何也？曰：人能群，彼不能群也。人何以能群？曰：分。分何以能行？曰：义。故义以分则和，和则一，一则多力，多力则强，强则胜物。故人生不能无群，群而无分则争，争则乱，乱则离，离则弱，弱则不能胜物。”（《荀子·王制》）

“和而不同”是这一和谐精神的重要内涵。孔子云：“君子和而不同，小人同而不和。”（《论语·子路》）这一思想体现了中国古代的辩证思想和政治智慧。“和”是丰富多样的，“同”是千篇一律的；“和”是相生相克、相辅相成的，“同”却是相互重复、相互排斥的。在这样的思想观念的影响下，就形成了中原伦理强调仁爱、群体、天下大公的精神特质，其对维系与调节家庭、国家、社会的和谐发挥着积极意义。

三、中原伦理的正义精神

正义，是人类伦理精神的永恒追求，是人类文明得以延续的道德保障。有学者认为“义文化”最早起源于中原地区，且中原地区的“义文化”是中国“义文化”的核心。“义文化”作为一种主流价值观念，在中原地区已经有三千年的历史。夏商时代中原地区拥有先进的生产力、先进的社会制度和先进的思想文化，这是“义文化”形成与发展的基础。尧舜禅让的正义、大禹治水的大义、比干的忠义，以及“卫多君子鲁多儒”的说法，都是这种文化在中原地区长久绵延的例证。中原“义文化”对中国“义文化”的形成有着重要的影响。中原传统文化中的“正义”观，使中原人民在长久的生产生活中践行着公平公正的伦理价值观念，讲信义、重情义、扬正义、树道义，成为中原地区群体性格的鲜明特征①。

（一）中原伦理正义精神的思想来源

中原先贤与中原人民很早就认识到，只有公平、利益共享的社会，才是一个健康运行、可持续发展的社会，个人的利益也只有在正义有序的伦理规范与社会制度下才能得到有效保障。关于中原伦理正义精神的思想来源，我们仍要从先秦时期在中原地区传道授业的思想家们那里去寻找答案。

在先秦伦理思想史上，墨家学派把“义”作为最高的道德准则。墨子认为：“不义不富，不义不贵，不义不亲，不义不近。”（《墨子·尚贤

① 参见宋豫秦：《从比干崇拜的嬗变论中原“义文化”之源流》，《中原文化研究》，2016年第2期，第94—97页。

上》）即不义的人，不能让他富裕；不义的人，不能使他显贵；不义的人，不能给他信任；不义的人，不能使他接近。也就是说，对待财富名位的取舍、对人的亲疏远近，都要以“义”作为评判标准。

同时，墨家伦理将义与利统一起来，这继承了儒家的“言义必及利”（《国语·周语下》）的观点。墨家以“利人”为“义”的内容，以“行义”为“利人”的手段，墨子言：“义可以利人”（《墨子·耕柱》），“利人乎即为，不利人乎即止”（《墨子·非乐》）。这是墨家所认定的行为准则，即墨家认为行为的义与不义、是与非、善与恶、可行与不可行，都要以是否利人为标准来区分。

后期的墨家继承并发展了先秦墨家的义利思想，形成了义利的辩证统一观。其主要表现为：首先，后期墨家更加强调利的重要性，强调义利不可分割，离开利人、利亲、利民，忠、孝、功等美德都将无从谈起。第二，后期墨家完善与修正了“利人”与“利己”的辩证关系，强调先人后己、损己利人，即“为身之所恶，以成人之所急”（《墨子·经上》），主张在个人利益与他人利益发生冲突时，应该坚持“损己而益人”（《墨子·经上》）的原则。第三，后期墨家提出了“利中取大”“害中取小”的取舍原则，即两种行为都有益时，应选择获益较大的行为，舍弃获益较小的行为；当两种行为都有害时，应选择危害较小的行为，舍弃危害较大的行为。

在儒家的伦理思想中，“义”也占据着重要的位置，但相对于“仁”与“礼”而言，“义”仍处于从属地位。从孔子、孟子、荀子对于“义”的论述来看，儒家思想的“义”是动态的概念。孔子在《论语·里仁》中言：“君子之于天下也，无适也，无莫也，义之与比。”意思是：君子对于天下的事，没有规定一定要怎样做，也没有规定一定不要怎样做，而只考虑怎样做才合乎道义。在这里，孔子将“义”作为最高的德目，认为“义”能够体现一切道德条目的要求。孟子认为“义”天生存在于人的本性之中，指出“义”来源于人，人皆有的羞恶之心，并指出一个人只有内心能够保持与生俱来的“仁”，坚持贯彻由“仁”延伸出来的“义”，才能成为道德崇高的人。荀子经常将“礼”与“义”并举，主张“隆礼贵义”（《荀子·议兵》），他将“礼”与“义”视为国家发展与社会稳定的根基，认为其两者是统治者维护封建等级制度与维护国家统治的工具。

与墨家伦理的“义利统一”不同的是，儒家伦理强调的是“重义抑利”。儒家关于这种思想最典型的论述就是孔子的“君子喻于义，小人喻于利”（《论语·里仁》），即君子更加看重的是道义，小人更加看重的才是利益。孔子认为追求“富贵”的标准是这样的“富贵”是否符合“义”。凡是合乎道义的利益就可以去追求，哪怕为此去做低贱的职役也在所不惜；凡是违背道义的利益就不可去追求，那样的利益就像浮云一样没有价值。“不义而富且贵，于我如浮云”，“富而可求也，虽执鞭之士，吾亦为之。如不可求，从吾所好”（《论语·述而》）。

孔子虽然有着鲜明的“重义”的态度，但并没有完全将“义”与“利”对立起来，很多时候也承认“义”与“利”的统一关系。如他在《论语·泰伯》中所言：“邦有道，贫且贱焉，耻也；邦无道，富且贵焉，耻也。”意思是，当社会发展得很好的时候，自己生活得很贫贱，这是自己的耻辱，因为这是自己不努力不上进的结果；当社会发展得很不好的时候，自己生活得很好，如果是通过非正义的渠道实现的，那更是自己的耻辱，因为没有将自己的发展与社会发展结合在一起，这也是没有正义心的表现。

在孟子那里，“义”是比生命还要重要的东西。他认为，“生，亦我所欲也，义，亦我所欲也，二者不可得兼，舍生而取义者也”（《孟子·告子上》）。其认为与“义”相比，“利”是非常危险的，他持有鲜明的“重义抑利”观点。在《孟子·梁惠王上》一文中，在面对梁惠王提出的关于如何为国谋利的问题时，孟子义正辞言道：“何必曰利？亦有仁义而已矣”。在孟子看来，如果国君一味追求一国之利，士大夫们就会一味追求自家之利，平民百姓也会亦步亦趋，追求私利，整个国家每个人都为着自己的利益争夺不休，这必然会导致国家动荡。

汉代的儒家发展了先秦儒家“重义抑利”的义利观，董仲舒主张“正其谊不谋其利，明其道不计其功”（《汉书·董仲舒传》），即做任何事情都是为了匡扶正义，而不是为了个人的利益。他还提出了“仁与义殊”（《春秋繁露·仁义法》）的观点，这是对先秦儒家思想关于“仁义”学说的深化。董仲舒认为，“仁”与“义”是应用对象与作用皆不相同的两个道德范畴。“仁”要求我们待人心怀爱心，宽厚而不苛求，使别人安全而不遭残害；“义”是一种自律的道德规范，其要求我们对自己要有原则，严格而不苟且，使自己的思想言行处处合乎道德要求，如有违背就要自觉改正。董仲舒强调的“以仁治人”“以义治己”与先秦儒家的“求诸己而不求诸人”“躬自厚而薄责人”一脉相承，其通过道德范畴把为人处世与自我修养区分开来，是理论上的一种深化。董仲舒从伦理学角度总结了秦代灭亡的经验教训，发扬了注重道德的儒学传统。随着儒家正统地位的确立，自汉代以后两千年间，董仲舒的义利观逐渐在中原文化乃至中国文化中占据主导地位。

（二）中原伦理正义精神的主要表现

在中原伦理思想中，我们可以看到“义”作为一种道德准则的重要影响，无论是“天下兴亡，匹夫有责”（《日知录·正始》）的“忠义”，还是“先天下之忧而忧，后天下之乐而乐”（《岳阳楼记》）的“公义”，都彰显着强烈的愿为国家、为民族“舍生取义”的献身精神。涉及与他人关系的层面，中原伦理中的正义精神又要求人们坚持恪守先人后己、先义后利、见利思义的行为规范。就中原伦理正义精神的整体而言，其重要性表现为“义”文化在中原文化中具有重要地位，在正义精神的指导下，人们尊重正当利益、重视利益共享。

第一，中原“义”文化的重要地位。

如前文所言，“义”文化在先秦时期就已在中原大地形成，其塑造着中原人民的伦理信念与价值取向。而在这一期，中华大地的其他地区仍处于原始社会晚期或者处于原始社会向文明时代的过渡阶段，在此情况下，这一时期成为中原文明向其他区域辐射与扩散的第一个时期，“义”文化随着中原文化的传播在中华大地上得到广泛传播，成为中华正义观形成的先导与典范。

第二，尊重正当利益。

在中原伦理形塑过程中发挥重要影响的诸子先贤，都强调要谨防私欲膨胀，提倡正义，要求人们以道、以义为行为准则，不能在对物质利益的无穷尽的追求中迷失自我。更为重要的是，他们几乎都一致认为，人们对正当的、合理的利益追求是应该予以充分肯定和维护的。如孟子所言："天下之言性也，则故而已矣。故者，以利为本。"（《孟子·离娄下》）荀子所言："今人之性，生而有好利焉。"（《荀子·性恶》）"义与利者，人之所两有也。"（《荀子·大略》）他们强调的是，追求利和义本身无可厚非，但追求的方式及实现利和义的方式必须规范，不能违反人的内在属性。墨子主张："爱人利人，顺天之意。"（《墨子·天志中》）"利人乎即为，不利人乎即止。"（《墨子·非乐》）"兴天下之利，除天下之害"（《墨子·非乐》）。"兴天下之利，除天下之害"强调的是人与人交往的互惠互利、和谐共赢。因此，"正当的利益追求与合理的获利方式是中原传统文化中'正义'的内涵之一"①。

第三，重视利益共享。

合理的社会分配机制，是构建公平正义的社会秩序的基础，也是中原伦理中正义观始终强调的内容，如孔子认为："不患寡而患不均，不患贫而患不安。盖均无贫，和无寡，安无倾。"（《论语·季氏》）老子也说："民之饥以其上食税之多，是以饥。民之难治以其上之有为，是以难治。民之轻死以其求生之厚，是以轻死。夫唯无以生为者，是贤于贵生。"（《道德经》第七十五章）"天之道，其犹张弓与？高者抑之，下者举之。有余者损之，不足者补之。天之道，损有余而补不足。人之道，则不然，损不足以奉有余。孰能有余以奉天下？唯有道者。是以圣人为而不恃，功成而不处，其不欲见贤。"（《道德经》第七十七章）他反对"损不足以奉有余"，这也是对财富的占有和分配要持公平正义态度的肯定。

同时，他们强调要注意保持适度的贫富差距，不能损害弱势群体的利

① 胡爱玲：《中原传统文化语境中的"正义"》，《河南社会科学》，2011年第3期，第180页。

益，强调要对弱势群体进行帮扶与照顾，即实现“人不独亲其亲，不独子其子，使老有所终，壮有所用，幼有所长，矜寡孤独废疾者皆有所养”（《礼记·礼运》）。

第三章　国家战略下中原伦理的内涵创新

中原伦理精神作为中原文化的精神内核，向世人展示着中原人民特有的伦理思维方式、道德意识结构与道德心理人格，对中原地区的经济社会发展和精神文明建设都发挥着积极的文化建构作用。近年来，国家为促进中原文化发展，相继出台的各项战略、政策，如黄河流域生态保护和高质量发展战略、乡村振兴战略，以及《新时代公民道德建设实施纲要》等，这对中原伦理的发展创新具有重要意义。这一章笔者将从中原伦理与黄河文化的道德内涵、中原伦理德育的文化载体以及中原伦理的乡村文化建设实践三个角度出发，论述中原伦理的文化意义。

第一节　“黄河战略”下的中原伦理与黄河文化

2019年9月18日，习近平总书记在河南郑州主持召开黄河流域生态保护和高质量发展座谈会并发表重要讲话，明确指出黄河流域在我国经济社会发展和生态安全方面具有十分重要的地位。黄河文化是中华文明的重要组成部分，是中华民族的根和魂。我们要加强对黄河文化遗产的系统保护，守好老祖宗留给我们的宝贵遗产。要深入挖掘黄河文化蕴含的时代价值，讲好“黄河故事”，延续历史文脉，坚定文化自信，为实现中华民族伟大复兴的中国梦凝聚精神力量。黄河被誉为中华民族的母亲河，是中华民族文明的摇篮，哺育了中华民族，孕育了黄河文化。黄河文化在我国文化发展史上占有重要地位。河南地处黄河中下游地区，在中国古代是诸子百家思想争鸣的地方，其拥有灿烂的中原伦理文化。河南是黄河文明的主要发源地和黄河文化的核心发展区域，是“最早的中国”所在地，是“黄河边上的中国”。以中原伦理为核心的中原文化蕴含了黄河文明的精华，中原文化以其生生不息、延绵不绝的文脉支撑着黄河文化的发展，并为黄河文化提供永葆活力的文化源头。中原伦理与黄河文化相生相伴，共同发展，形成了内涵丰富的伦理道德规范，这种文化基因深深地植根在中原民众的心底。

一、中原伦理与黄河文化

（一）黄河与黄河文化

地质研究表明，在第三纪和第四纪的早更新世（距今150万年至115万年），今黄河所在的区域内各水系还是相互独立的，是互不相通的湖盆。中更新世（距今115万年至10万年），由于地壳运动，河流侵蚀，地形变化，西部高原逐步升高，原来互不相通、各自独立的水系逐渐连通起来，形成黄河水系的雏形。在距今10万年至1万年间的晚更新世，黄河演变为从源头至入海口上下贯通的、横穿大半个中国的大河。

黄河发源于青藏高原巴颜喀拉山北面山麓约古宗列盆地，蜿蜒向东流经青海省、四川省、甘肃省、宁夏回族自治区、内蒙古自治区、陕西省、山西省、河南省、山东省九大省份，横跨我国地形的三大阶梯，最后在山东境内注入渤海，全长5464千米。波涛澎湃的黄河横切祁连山、贺兰山、太行山等山脉，跨越黄土高原、华北平原，途中汇集渭河、汾河、洮河等支流，形成广阔的水体。纵观人类发展史，任何一个民族的生存发展都与河流息息相关，这条奔腾不息的大河同样孕育出了世界上最古老、最辉煌灿烂的文明——黄河文明。《汉书·沟洫志》曰“中国川源以百数，莫著于四渎，而河（即黄河）为宗”，黄河被誉为我国的母亲河，是中华民族文化的发祥地。黄河文化是中华文化的重要组成部分，是中华民族的根和魂。

黄河文化与黄河水系的形成一样，同样经历了漫长的发展过程。黄河文化不仅萌芽较早，而且成熟时间也较早。由于黄河沿岸地形变化较大，黄河上中下游文化的发展并不平衡。黄河上游地区崇山峻岭延绵不绝，气势浩浩荡荡，并不适合人类繁衍与居住；黄河中下游地区自然环境得天独厚，农耕劳作条件相对较好，适合人类居住与农业发展，故而黄河中下游地区首先成为人类的栖息地。在世界大部分地区还处于蒙昧状态时，黄河流域就进入了文明社会。勤劳勇敢的中华儿女沿黄河两岸集居，生息繁衍，在利用、治理、保护黄河等实践过程中创造了光辉灿烂的黄河文化。从广义上来说，黄河文化就是黄河流域的劳动人民在长期的社会劳动实践过程中创造的物质财富和精神财富的总和，它包括一定的社会规范、风俗习惯、生活方式、精神面貌和价值取向等①。狭义的黄河文化则主要指同时期内黄河流域人民创造的精神财富的总和。本书所言黄河文化为狭义上的黄河文化。

（二）中原伦理与黄河文化的关系

中原地区地理位置优越，产生了代表中国古代社会最高文化成就的中原伦理。河图、洛书、四书五经等中华文化的元典在中原大地出现并广为流传。在五千年的中华文明史上，中原地区有三千多年处于政治、经济、文化的中心地位。故而中原文化最能代表黄河文化的精髓，而代表中原文化的中原伦理就是黄河文化中最绚丽的篇章。

中原伦理的博大精深体现了劳动人民的创造与智慧。在对黄河的不断改造中，中原地区产生了“天人合一”“道法自然”的思想，承认天、道、自然与人类社会的密切关系，提倡要注重调节自然与人类社会的关系，达到人与自然的相谐相生。在人类与黄河打交道的过程中，中原人民奉行中庸之道。其认为中和是万物共存与发展的理想状态，故而面对浩瀚的黄

① 参见牛建强、姬明明:《源远流长:黄河文化概说》,《黄河报》,2017年7月11日,第4版。

河，中原伦理主张采取中庸的方法协调黄河与人类社会的关系，在平衡与协调的基础上求得统一，进而避免黄河的肆意泛滥，达到为人类造福的目的。黄河支流众多，沿岸各民族文化不断交流碰撞，逐步成为多元一体、包容性极强的大文化。在文化不断交流碰撞的过程中，有时会伴随着政治格局的改变，在此情况下出现的大一统思想，有利于国家的统一和中华民族的团结与兴盛。一部黄河的历史，同时也是一部人类的治理黄河历史，在治理黄河的过程中形成的百折不挠、坚毅的黄河精神和民族品格，成为中原伦理的重要组成部分。

黄河文化因中原伦理的加入而内容更加丰富，中原伦理因黄河悠久的历史更加具有文化厚重感。所以我们可以这样说：中原伦理丰富了黄河文化的内容，铸造了黄河文化浑厚的文化品质，黄河文化则促进了中原伦理的传播与传承，彰显了中原地区深厚的文化底蕴，二者共同谱写了中华民族神圣伟大的光辉文明史，在人类文明史上熠熠生辉。

二、黄河文化的伦理内涵

黄河在其漫长的发展历史中，早已成为中国人民心目中的一种特别的文化象征和文化符号。黄河流域是中华文明的发祥地，黄河是中华民族文明的象征，黄河文化是中国文化的根与魂。黄河文化的内涵极为丰富，它是中国传统文化精神的体现，也是中原优秀伦理思想的体现。黄河文化中包含的“民为邦本”“道法自然”“天人合一”“大一统”思想，黄河文化中蕴含的优秀民族精神都成为黄河文化丰富的内涵。

（一）“民为邦本”的思想

中国早期的文明主要是农耕文明。黄河流域较早出现了人类的农业劳动行为，并产生了与农业生产相伴而生的黄河文明，所以黄河文化先天带有“泥土”的气息，具有明显的农耕文明特质。“民为邦本”的农耕文化特征顺理成章地成为黄河文化的内涵之一。

黄河为中华儿女提供了生存栖息的场所，数以万计的中华儿女同样也因黄河泛滥成灾而流离失所。在长期与黄河接触的过程中，人们总结了这样一个规律，即“黄河宁，天下平”。在黄河治理的过程中，“民为邦本”的思想体现得尤为显著。

春秋战国时期，诸子百家争鸣，诸侯混战，民不聊生。面对这种情况，中原地区的思想家重视人民的作用，进一步发展了“民为邦本”思想。如孔子提出“仁爱”的思想，主张统治者施行“仁政”，就是要求统治者树立爱民的思想。孟子在孔子“仁爱”思想的基础上明确提出“民为贵，社稷次之，君为轻”（《孟子·尽心下》）的思想，充分强调了人民在国家社稷中的重要作用，认为统治者要想巩固统治，必须坚持民本思想。中原儒家的这种“民为邦本”思想为后来历代统治者安邦定国提供了思想依据。

（二）“天人合一”“道法自然”的思想

“天人合一”是中国传统哲学中的主流思想之一。儒家提出的“天人合一”思想、道家提出的“道法自然”思想，都认为我们要注重人与自然的和谐相生，其也构成了黄河文化的生态内涵。

人类离不开自然界而存在。农耕社会时期，生活在黄河流域的人们在与自然相处的过程中，通过观察总结四季的变换及季节与农作物生长之间的关系，不断总结农业生产的经验和规律。由于当时社会生产力低下，农业生产活动主要依靠天时，所以儒家提出“天人合一”的思想，主张把“敬天”“畏天”相统一。“敬天”就是要尊重自然规律，“畏天”就是要对自然存在敬畏。在“敬天”“畏天”的前提下，人们依据农时达到与自然万物之间的和谐统一。“天人合一”的思想体现了中国传统伦理思想崇高的精神境界。

在处理人与自然关系中，道家主张“道法自然”。其主张人们在探索自然的过程中，要遵循自然界固有的“道”，即自然界本身的规律，人们要在不违背自然规律的前提下，对自然进行改造。古人在农业生产实践中也不断践行“道法自然”的思想。如古人的农业生产活动中，常出现休耕现象，该现象就是人们在遵循耕地利用规律的前提下，为实现土地的可持续发展而采取的休养生息措施。这种措施是为了更好地维护人与自然的和谐统一、友好发展。

不管是儒家的“天人合一”，还是道家的“道法自然”思想，都有利于人与自然的和谐相生。在今天黄河生态环境形势日益严峻之时，我们更应该坚持这样的观点。习近平总书记在视察黄河治理站时曾这样说：“我曾经讲过，‘长江病了’，而且病得还不轻。今天我要说，黄河一直以来也是体弱多病，水患频繁。”[①]在此情况下，中国共产党提出“要坚持绿水青山就是金山银山的理念，坚持生态优先、绿色发展，以水而定、量水而行，因地制宜、分类施策，上下游、干支流、左右岸统筹谋划，共同抓好大保护，协同推进大治理，着力加强生态保护治理、保障黄河长治久安、促进全流域高质量发展、改善人民群众生活、保护传承弘扬黄河文化，让黄河成为造福人民的幸福河”[②]。此理念与黄河文化本身的内涵是一致的，这体现了我们党在尊重客观规律的前提下不断追求与自然和谐发展的目标。

（三）自强不息的精神

黄河哺育了中华儿女，被人们誉为“母亲河”，但是“长期以来，由于自然灾害频发，特别是水害严重，给沿岸百姓带来深重灾难。历史上，黄河三年两决口、百年一改道。据统计，从先秦到新中国成立前的2500多年间，黄河下游共决溢1500多次，改道26次，北达天津，南抵江淮。1855年，黄河在兰考县东坝头附近决口，夺大清河入渤海，形成了现行河道。封建社会战争和军阀混战时期，更是人为导致黄河决口12次”[③]。一部黄河文明的发展史既是一部治理黄河的历史，又是一部中华民族自强不息的奋斗史。

① 周小苑、岳小乔：《习近平的黄河足迹》，《决策探索》（上），2019年第10期，第7页。

② 《习近平谈治国理政》（第三卷），北京：外文出版社，2020年版，第377页。

③ 习近平：《在黄河流域生态保护和高质量发展座谈会上的讲话》，《实践》（思想理论版），2019年第11期，第6页。

在治理黄河的斗争中，中华儿女形成了百折不挠、自强不息、敢于拼搏的精神。这种精神一直以来都激励着代代中华儿女顽强奋斗，与黄河水患不懈斗争。如西汉元光三年（公元前132年），黄河在瓠子河决口。至元封二年（公元前109年），汉武帝发兵数万人堵塞河口，成功制洪，汉武帝写下《瓠子歌》记述众志成城共治黄河的经过。西汉末年，黄河、汴渠水患持续60余年，王景、王吴共同主持治理工作，依靠数十万人的力量，修筑黄河大堤，新建汴渠水门，此后800年黄河不曾改道。明代潘季驯历时27年治理黄河决口数百次，并反复修改治理方案，成功总结出以"束水攻沙"为核心的潘氏治河经验，其深刻影响到后来治理黄河的思想和实践。新中国成立后，黄河水土流失严重，黄河形势依然相当严峻，人们清晰认识到，在治理黄河的过程中，治沙是关键。为防止继续沙化，国家根据黄河上中下游的不同特点进行防沙固沙工作，实现了"人进沙退"的神奇效果，治理黄河取得了举世瞩目的成就。

这种前仆后继、自强不息的治河实践，极大地丰富了黄河文化的精神内涵。"九曲黄河，奔腾向前，以百折不挠的磅礴气势塑造了中华民族自强不息的民族品格，是中华民族坚定文化自信的重要根基。"[①]

（四）勤劳务实、积极进取的精神

从古至今，农业在社会生活中都占据重要地位。耕田种地是农民谋生的基本手段。在长期的农耕实践中，人们必须在遵循自然规律的前提下，顺时耕作，不能有丝毫的懈怠，不然将会错过农作物播种的时令，造成这一季作物颗粒无收，此外，以农为生的人必须勤劳务实才能有所收获。黄河儿女在长期的农耕实践中也认识到一分耕耘一分收获、天道酬勤的道理，所以他们在劳动的过程中，脚踏实地，不断为延续土地肥力、增加作物产出努力，形成了人与土地的良性互动。这种踏实肯干、勤劳务实的作风，成为中国农民骨子里老实、忠厚基因的来源，同时也成为黄河文化的

① 习近平:《在黄河流域生态保护和高质量发展座谈会上的讲话》,《实践》(思想理论版),2019年第11期,第6页。

内涵之一。

黄河沿岸人民在劳作的过程中，难免要与黄河自然灾害进行抗争。如面对黄河水患，在当时生产力水平低下、物质匮乏的情况下，人们积极利用有利条件，奋发进取，终于战胜了水患灾害。在现代，焦裕禄同志在兰考治理内涝、风沙、盐碱“三害”期间，带领群众尝试不同的方法进行除“三害”斗争。为了积累经验，他首先从小面积实验开始，然后以点带面，全面铺开，进而总结出用种植泡桐治理沙丘的方法。在与黄河自然灾害作斗争的过程中，中华儿女形成了积极进取的民族精神。今天黄河水沙治理取得显著成效，如防洪减灾体系建成，黄河河道萎缩态势得到遏制，黄河含沙量大幅度下降等。这使得黄河流域生态环境明显改善，创造了“人进沙退”的奇迹，使黄河流域生物多样性不断增加。在黄河儿女的积极努力下，黄河治理保护工作取得了举世瞩目的成就。

（五）无私奉献的民族精神

奔流不息的黄河以其博大的胸怀养育着中华儿女，它被称为中华民族的母亲河。在人类发展的历史长河中，黄河为人类文明的发展提供了源泉，成为中华民族无私奉献精神的讴歌对象。人类在生活、耕作、改造黄河的过程中将无私奉献精神不断传承，使其成为中华民族的传统美德。

黄河的发展与黄河治理是分不开的，黄河治理是黄河发展历史上最重要的篇章。打开黄河治理的历史，所有抗击水患、治理风沙的胜利无不是团结协作、无私奉献的结果。黄河治理过程中涌现出的仁人志士，都是弘扬无私奉献精神的楷模。如没有潘季驯27年的砥砺前行、不断创新，就难以为后人留下众多可以借鉴的治黄实践资料和理论资料；1958年黄河下游出现特大洪水，耕地被淹没、大量房屋倒塌，对此，人们集结可以集结的力量，昼夜不停，迅速进行抢险，才使得大堤转危为安。在黄河历次的防洪抢险中，不计其数的人舍生忘死、昼夜奋战、无私奉献、忘我工作，把小我融入大我之中，发扬“孺子牛”精神，用鲜血和生命谱写了一曲又一曲爱国主义的壮丽战歌。现今在黄河治理取得明显成效的情况下，护河、守河、监测黄河成为日常工作，广大的黄河工作者，常年冒着烈日严寒，查看水情，护河守堤，放淤治沙，忠于职守，勤勤恳恳，丝毫不敢放松，正是由于他们的舍小家顾大家，忘我地工作，才换来了黄河流域各项事业的顺利发展，这种无私奉献精神早已成为黄河精神的重要组成部分。

（六）大一统的观念

中华民族大一统思想的形成与黄河流域自然地理环境密切相关。黄河为人们提供了丰富的水源，肥沃的土地，为人们扎根乡土提供了优厚的自然条件，奠定了农耕文明的基础，同时也带来了严重的水患。在原始社会初期，仅凭各部族之间的单打独斗无法成功治理来势汹汹的黄河决堤，部族之间需要通力协作，才能达到治理黄河的目的。在此情况下出现了各部族之间的联盟，这些联盟后来逐渐发展成为大一统的国家。统一的国家使原来有利益冲突的部族成为利益共同体，这减少了部族之间为争夺利益而产生的摩擦与冲突，创造了稳定的社会环境，稳定的社会环境又为国家社会的发展提供了可能，进而在一定程度上促进了农业生产的发展。此外，国家统一便于调动军事力量，组织大规模的生产，当灾难来临时，也便于统一安排部署救援。在统一的国家中，中华民族不断形成“大一统”的文化心理。这种根深蒂固的大一统观念在神话故事中也得到体现和印证，如上古时期黄帝打败蚩尤，平定部落叛乱，结束了中原分裂的局面，初步实现了中原的统一，它反映了中华民族崇尚统一的民族心理。

黄河经常泛滥成灾，人们在享受黄河带来的丰富资源的同时，也要承担治理黄河的责任。在黄河出现灾难时，只有各方协作，统一思想认识和行动，才能战胜灾害，保障人类的生存和发展。在长期治理黄河的过程中，政治集权慢慢成为一种趋势和共识，“大一统”观念对政权的巩固起到至关重要的作用。受社会、自然环境影响较大的小农经济时代的农民同样追求国家民族的统一。

黄河从青藏高原起源奔流入渤海，中途支流数百，随着黄河文明的不断发展，原来以中原儒家思想为主的黄河文化，不断与各少数民族文化融合，黄河文化的内容变得更加丰富多彩，形成多元一体“大一统”的黄河文化。

三、黄河文化的传播与发展

2019年习近平总书记在黄河流域生态保护和高质量发展座谈会上提出：“要深入挖掘黄河文化蕴含的时代价值，讲好‘黄河故事’，延续历史文脉，坚定文化自信，为实现中华民族伟大复兴的中国梦凝聚精神力量。”[①]我们只有积极传播优秀文化，才能更好地开创未来，讲好“黄河故事”。笔者认为，要想促进黄河文化的传播与发展，可以从以下五个方面着手。

（一）政府引导黄河文化的推广与传播

文化是一个国家、一个民族的灵魂。黄河流域是中华文明的发源地，在这里产生的黄河文化对中华民族有着非凡的意义。根植于黄河流域的黄河文化是中华文明中最具代表性、最具影响力的主体文化[②]。黄河文化被认为是中华民族的根文化和魂文化。厘清黄河文化的发展脉络，不仅能让民众更好地了解中国悠久的历史和灿烂的文化，更有利于民众树立文化自信，为促进社会主义文化强国建设添砖加瓦。

作为管理者，相关政府部门应自觉肩负起对黄河文化的推广与传播责任，总揽黄河文化的发展，并进行顶层设计与规划。相关政府部门还要清楚认识黄河文化在中华民族发展过程中的重要地位，并加强对其宣传，让大家深知黄河文化在民族发展中的作用，以及黄河文化在中华文明产生与发展过程中的重要作用。相关政府部门还应利用自身在民众中的权威性和号召力，大力推广黄河文化，让民众从心底敬畏黄河文化，重视黄河文化，进而加深对黄河文化的理解，深刻领悟黄河文化的内涵，争做具备优

①《习近平谈治国理政》(第三卷)，北京：外文出版社，2020年版，第379页。

② 参见苗长虹、艾少伟、喻忠磊：《黄河文化的历史意义与时代价值》，《河南日报》，2019年11月1日，第9版。

秀品格的人。

相关政府部门应把传播黄河文化、促进黄河文化发展作为自身的责任和义务，切实做好黄河文化的传播工作。黄河流域各地方政府应注重对黄河文化整体的发展研究，各地政府机关应联合起来，通力合作，将黄河文化视为统一整体，进而挖掘黄河文化内涵，产生保护和传承黄河文化的合力。

为更好传播黄河文化，黄河流域各政府部门还应协调各方力量保护好黄河文化遗产。历代治理黄河的遗迹“凝结了厚重的民族精神和民族文化，具有重要的文物和文献价值”①。历代治理黄河过程中流传下来的文献资料，是无数先人呕心沥血的成果，记录了治理黄河的经验和黄河泛滥的轨迹，加强对它们的保护一方面能够为后人提供宝贵资料，另一方面也能为后人提供先辈治理黄河的经验和智慧，是黄河文化内涵生成的基本依据。对于黄河文化遗迹、治理黄河文献资料的收集、整理与保护，迫在眉睫。

此外，相关政府部门还可以在其门户网站开设相应的黄河文化窗口，专门介绍黄河文化知识，其中可以采用图文并茂、音视频结合的方式展现黄河文化的魅力。通过上述方式可以将中原文化的厚重感、凝聚力展现出来，产生强大的文化向心力，增强民族凝聚力和自信心，促进黄河流域文化的发展。在开设黄河文化窗口的过程中，相关政府部门还可以针对黄河文化的发展以设置留言板等方式与民众互动，群言群策，广采雅言，针对黄河流域发展现状，制定最佳发展方案，让黄河文化在新时代重新焕发活力，并用先进的黄河文化引领时代发展。

（二）以大众传播媒介为载体，加强对黄河文化的宣传

大众传播媒介在促进国家发展和社会进步的过程中具有举足轻重的地位。在黄河文化传播与发展的过程中，媒体应义不容辞加大对黄河文化的宣传工作。

① 吴漫、王博：《弘扬黄河文化 传承历史文脉》，《河南日报》，2019年11月20日，第10版。

媒体可以利用其传播的普遍性、便捷性优势加大对黄河文化的宣传科普力度。如可以开辟专栏对黄河文化进行系统介绍，同时对黄河文化发展过程中出现的优秀事迹、优秀人物进行重点宣传，全方位、多角度展现与传播黄河文化。民众通过媒体对黄河文化的报道既可以从整体上对黄河文化进行了解和关注，又可以加深对黄河文化的认知。民众对黄河文化的接触与理解具有强大的现实意义，用黄河文化的精神内涵指导民众的实践，可以传承优良美德，为黄河文化的传播打下深厚的民众根基。

随着网络技术的发展，手机功能的提升，软件开发技术的进步，微博、微信、抖音等社交软件兴起，相关媒体可以利用这些软件，建立相应的官方微博、微信公众号、抖音号等定期推送相应的文章或视频，传播黄河文化、宣传黄河事迹、展现黄河流域动态，将黄河的发展连贯成统一整体并进行宣传，达到宣传黄河文化的目的。另外，相关媒体还可以利用网络的即时互动性，加强与民众的互动，在双向交流中增强黄河文化对民众的影响力和感召力。

媒体还可以利用自身的优势举行相应的弘扬传播黄河文化的活动，讲好“黄河故事”，用形式多样的活动促进文化传播，让文化以贴近人们生活的方式进入大众视野，把黄河文化中蕴含的美好品质渗透到人们生活之中，融文化于日常，用优秀的黄河文化引领人们不断追求美好生活。

保护黄河文化遗产是每个中华儿女义不容辞的责任，媒体更应该利用自身的传播优势，传递保护黄河文化遗产的声音，使民众树立爱护黄河文化遗产的意识，让前人留给后世的宝贵遗产得到合理、有效的安置和利用，助力国家发展，进而“让文化遗产传承不绝，让中华记忆历久弥新”①。

（三）相关文化机构和部门深化对黄河文化的研究

传承、发展黄河文化不仅要保护好黄河文化的遗产，更要挖掘其新的时代价值来引领社会发展。在挖掘黄河文化时代价值的过程中，黄河流域

① 吴漫、王博:《弘扬黄河文化 传承历史文脉》,《河南日报》,2019年11月20日,第10版。

内的文化机构和文化部门责任重大。

“弘扬中华优秀传统文化的关键在教育，唯有立足于传统文化的教育才不会成为无源之水、无本之木。”①为更好地弘扬黄河精神，延续历史文脉，黄河流域相关文化部门应组织编写相应的黄河文化教材，把中华优秀传统文化教育系统融入课程和教材体系。利用学校教书育人的优势，让黄河文化回归书本、回归课堂，黄河文化教育要从娃娃抓起，分学段分层次对学生进行黄河文化教育，增加学生对黄河文化的感知，提升学生对黄河文化的感悟，培养学生热爱黄河文化的情感，进而树立传承黄河文化的意识和使命感。

为更好地弘扬黄河精神，黄河流域内的相关文化机构和文化部门还可以选取有使命感和责任感的精英人士组成专业研究团队，对黄河文化进行深入研究，让黄河文化产生新的正向价值。研究团队可以定期举办以黄河文化为主题的研讨会，展示研究成果，探讨黄河文化研究中出现的问题，攻克难关，促进黄河文化发展。同时相关专业研究团队还可以邀请在黄河文化方面有建树的专家举办讲座或参与学术交流会，听取专家的见解，借助专家的研究推进黄河文化的建设，进而为黄河文化发展注入新的时代力量。

此外，黄河流域相关文化机构和文化部门还能以豫剧等传统艺术形式进行富有时代感的文艺创作，以群众喜闻乐见的方式将黄河文化呈现给老百姓，讲述好黄河故事，展现黄河精神，多角度、多形式展现黄河文化内涵，在百姓可见、可感的地方使黄河文化更接地气、更具生命力，让黄河文化“活”起来，进而提升黄河文化的影响力、凝聚力，促进黄河文化的多样性传承，助力文化自信。

（四）借助黄河文化相关旅游产业，拓宽黄河文化传播渠道

随着人们生活水平的提高，旅游成为许多人休闲放松的一种方式，而

① 马文琴：《加强中小学中华优秀传统文化教育的有效策略》，《教学与管理》，2016年第18期，第45页。

在众多的旅游形态中，文化旅游又备受人们青睐。2020年5月召开的河南文化旅游大会提出要“大力弘扬黄河文化，推动文化旅游高质量发展，加快文化旅游大省向强省转变，奋力谱写新时代中原更加出彩的绚丽篇章”[①]。在相关政策的支持下，相关部门可借助文化旅游的方式对黄河文化进行广泛传播。

黄河文化具有厚重的底蕴，是中华文化的重要组成部分。黄河文化具有多种形式，如历史文化、民俗文化、器物文化、工程文化等，这些不同文化形式使黄河文化更加多姿多彩，也丰富了中华民族的文化内涵。在发展黄河文化旅游时，“始终要把保护放在第一位。发展旅游要以保护为前提，不能过度商业化，让旅游成为人们感悟中华文化、增强文化自信的过程”[②]，让人们在休闲放松的过程中享受文化熏陶，感受中华文化之美，更加热爱黄河文化。

对于黄河流域的文化旅游资源的开发，相关部门要有总体规划意识，坚持以文化引领旅游产业发展，形成合理的黄河文化旅游线路。在发展黄河文化旅游的过程中，我们还要充分利用黄河文化元素，彰显黄河文化特色，坚持以文塑旅、以旅彰文。黄河流域相关旅游文化部门还可以根据不同地区、不同类型的文化打造不同的文化传播亮点和不同主题的黄河文化景观，讲好“黄河故事”，用黄河流域的文化亮点吸引游客，让游客在具有不同亮点的黄河文化旅游中享受黄河文化之美，感受中华文化的博大精深。此外，我们在追求黄河流域经济效益的同时，更要注重提升黄河文化价值，拓宽黄河文化传播路径，加大黄河文化传播力度。

在开展黄河文化旅游的同时，我们还可以开发相应的黄河文化周边产品，将黄河文化的精神内容以实物的形式展现在人们面前，多角度、多侧面反映黄河文化的内涵。此外，我们还要不断优化升级文创产品，拓宽旅

---

① 李铮、张海涛：《抓住黄河流域生态保护和高质量发展机遇 加快文化旅游大省向文化旅游强省转变》，《河南日报》，2020年5月12日，第1版。

② 郑娜、苗春、赖睿等：《习近平与中国文化遗产保护》，《人民日报·海外版》，2002年5月19日，第7版。

游门类，打造知名文化旅游名牌，不断完善文化旅游品牌标识和文化旅游体系。

（五）拓宽黄河文化传播的其他路径

随着经济社会的发展，各种新兴的传播形式不断涌现。除利用传统方式传播黄河文化之外，我们还要不断拓宽传播路径，让黄河文化与新兴方式、新兴产业相结合，产生新的传播效应。

近年来，网络直播、网红带货成为新的时尚潮流。可采用直播方式进行黄河文化的传播，如对黄河名胜等进行云端直播，让大家领略黄河之美，接受黄河文化的洗礼，进而达到传播黄河文化的目的。全国人大代表杨雪梅就曾提出，要“引导支持黄河文化与‘主播’经济和‘网红’经济碰撞，产生出新的‘火花’，让更多的年轻人听到、看到、爱上黄河文化这块美丽的瑰宝”①。相关部门可以利用新兴媒体与青年人结合紧密的趋势，采用新形式对黄河文化进行传播，让传统精神与时尚传播方式相结合，打造黄河文化传播的新路径，弘扬黄河文化精神。

在国潮正当红、国货势更劲、传统文化复兴的当今社会，我们可以借助多种方式将黄河文化与传统文化、当代文化相结合，打造内涵丰富又不失时尚趣味的文化产品，吸引更多的人关注黄河文化，达到传播黄河文化的目的。如陕西博物馆打造的形象代言人——超级IP唐妞，就是以中国传统的唐三彩侍女俑为原型，将唐代历史文化与动漫相融合创造出的集传统与时尚于一体的典型形象，该形象备受人们喜爱。运用传统文化元素打造的文化形象之所以持续受到追捧，就是得益于传统文化符号与当代新兴手段的结合。所以，我们在传播黄河文化的过程中要深入挖掘传统文化符号和传统文化形象，选择更具代表性的形象衍生出相应的新文化形象，让新文化形象承载更多的人文内容和故事，拥有获得更多流量的能力，产生巨大的裂变效应，为黄河文化的传播打开新思路。

①《全国人大代表杨雪梅：引导黄河文化与“网红”经济碰撞》，人民网，2020年5月27日。

第二节　乡村振兴战略下中原伦理建设

中共十九大作出实施乡村振兴战略的重大决策部署，明确指出要坚持农业农村优先发展，按照产业兴旺、生态宜居、乡风文明、治理有效、生活富裕的总要求，建立健全城乡融合发展体制机制和政策体系，加快推进农业农村现代化。纵观社会发展的历史进程，乡村是一个承载着文化意涵的动态概念。在以农为主的发展阶段，在人与乡土交织互动的过程中不断衍生出独特的意义系统与价值体系。

一、乡村文化建设的必要性

农业、农村、农民是关系国计民生的根本性问题。中共十九大正式将乡村振兴纳入新时代中国特色社会主义事业的发展框架。乡村文化是中华民族文明史的主体，也是中国精神的血脉起源，更是涵养社会主义核心价值观、树立文化自信的重要基础。

（一）乡村文化建设的意义

在乡村振兴战略实施的背景下，加强农村文化建设，传承优秀传统文化，发掘传统文化在新时代的文化价值并对其进行创新，打造生态宜居、乡风文明的美丽乡村是农村繁荣富强、农民安居乐业的保障，在国家发展、社会治理和人民生活方面具有多种现实意义。

第一，在国家发展方面，加强乡村文化建设，有助于提升国家文化软实力。乡村文化体系是中国精神文化体系的重要组成部分。“文化兴国运兴，文化强民族强。没有高度的文化自信，没有文化的繁荣兴盛，就没有中华民族伟大复兴。”[①]要树立文化自信就要始终铭记思想文化的根基在何处。中华民族文化的根脉在广大的乡村，要实现民族复兴，对乡村文化进行保护、传承及创新发展必不可少。只有不断传承乡村文化资源、创新其文化形态与内容，乡村文化才能在现代文明体系当中找到自身的位置，进而为社会主义文化强国建设提供强大动力。

第二，在社会治理方面，加强乡村文化建设有利于乡村社会的秩序化。“治理有效”是实施乡村振兴战略的总要求。治理有序化程度，既影响着乡村社会的繁荣稳定，更折射出国家治理体系的完善程度与治理能力的整体水平。相关部门要在自治与法治基础上，利用好德治这一重要抓手，将主流文化、本地文化、优秀传统文化相融合，发挥乡村文化资源在治理中的沟通、交流与凝聚作用，这也是整个乡村社会实现良性善治并趋向秩序化的必要之举。这个过程离不开对乡村文化资源的传承创新，尤其需要整合那些能够凝聚民心、彰显民意的精神文化资源，使其与社会主义核心价值观一同牢筑乡村的思想文化阵地。在农村，有很多风俗习惯、村规民约、宗祠家训蕴含着丰富的优秀传统文化基因，规范着村民的言行举止，在保持农村社会稳定方面发挥着重要作用。因此，在尊重乡村历史传承、文化传统与生活模式的基础上，选择性地继承乡村文化资源中的独特价值规范，并在继承中为其注入适应社会进步的文化精神，能够为乡村治理提供强大的向心力、感召力与约束力，从而构建出和谐乡村生活秩序。

第三，在人民生活方面，加强乡村文化建设，有利于满足人民群众日益增长的美好生活需要。美好生活需要既体现为个体的物质生活条件的满足，又体现为内在精神生活的丰富。站在新时代历史坐标上，人民群众美好生活的实现既需要人们通过劳动实践创造更丰富的物质财富，也离不开以基层文化建设为依托的精神文明建设。乡村文化的传承创新是基层文化建设的题中之义，其能够顺应亿万乡民的期待，并为他们创造美好生活提供源源不断的精神动力。只有在切实提升个体道德素养和社会精神文明发

① 习近平：《决胜全面建成小康社会 夺取新时代中国特色社会主义伟大胜利——在中国共产党第十九次全国代表大会上的报告》，北京：人民出版社，2017年版，第40—41页。

展水平的基础上，以创新形式推动文化资源的多样性发展，才能最大限度地丰富群众的文化生活，促进人民群众自身的发展以及满足他们对美好生活的新期待。

（二）中原伦理在乡村文化建设中的必要性

河南省是人口大省，也是农业大省，随着社会主义市场经济的发展，城镇化和现代化加快发展，越来越多的农民及农民子弟向城镇迁移。在此情况下，基于各种农村生产生活实践而形成的乡村文化逐渐式微，并产生了诸多问题。河南省是中原地区的典型代表，也是实施乡村振兴战略的重要区域。以中原伦理的价值取向对乡村文化进行形塑，对中原地区乡村文化的健康发展十分必要。中原伦理在乡村文化建设中的必要性集中体现在以下两个方面：

其一，有助于增强乡村文化认同感。中原伦理形成于以家庭血缘为基础的“礼俗”社会中，重视“法礼”和崇尚自然是传统中原农村社会中主流的文化价值取向，在此文化价值取向的影响下，既形成了指导和制约人们日常生活的行为准则和道德规范——乡规民约，又有利于血缘家庭在文化、道德上树立权威。

其二，有利于传承民间风俗习惯。所谓民俗，是指一个民族或社会群体世代沿袭下来的风尚、礼仪、信仰、习惯等。民间风俗是人们社会生活的一部分，具有很强的继承性，一旦形成，往往延绵不绝，历久弥新，不同的风俗也会相互融合产生新的习惯，但也有一些风俗会湮没在历史长河中。

内容丰富的河南民俗文化，无论是关于经济的、社会的，还是关于信仰的，都是中国历史发展的缩影。其中的庙会，起初为祭祀神明的拜神活动，后来和农贸相结合，逐渐成为拜神、贸易、娱乐为一体的民间传统活动。庙会曾经是承载着民俗文化、开展精神文化活动的场所。著名的有“马街书会”、“九龙圣母庙会”、淮阳“太昊陵庙会”、浚县“正月古庙会”等。逢会日，赶会者甚至从方圆数百里外赶来，可谓八方云集，人山人海。

二、乡村文化类型

中原伦理源远流长、博大精深。彰显中原伦理的乡村文化类型有：以优秀的个人行为起到带动示范作用的乡贤文化，在革命战争中激励鼓舞人民奋斗并与中国特色社会主义实践相结合的红色文化，蕴含家国一体观念的宗族文化。在乡村文化建设中应该着重发展这些类型的文化。

（一）示范乡邻的乡贤文化

乡贤文化，是在漫长的社会发展和历史进程中，在乡村宗族治理、民风淳化、道德伦理维系等过程中发挥重要作用的一种文化。乡贤文化扎根于中国乡村，它既是劳动人民勤劳和智慧的结晶，更是中华民族传统文化的重要组成部分。直到今天，乡贤文化对涵养乡村文明新风、促进乡村经济社会发展仍然发挥着重要作用。在此情况下，在推进乡村振兴的过程中，我们要重视乡贤文化、激活乡贤文化、用好乡贤文化，真正让乡贤文化成为乡村振兴的新动能。

乡贤文化在我国传统社会的发展进程中具有不可替代的作用，尤其是在道德建设、成风化人、家族治理、社会治理、涵养乡风及乡村经济社会发展等方面，乡贤文化更是起到了风向标、稳定器的作用。在中国许多乡村，乡贤是具备渊博的知识、崇高的品质和良好的道德修养的一个群体，他们的文化和思想能够对乡邻产生十分积极的影响。

（二）扎根乡村的红色文化

红色文化是在革命战争年代由中国共产党、先进分子和人民群众共同创造并极具中国特色的先进文化，蕴含着丰富的革命精神和厚重的历史文化内涵。红色文化作为一种重要资源，包括物质文化和非物质文化两种类型。其中，物质文化包括遗物、遗址等革命历史遗存与纪念场所；非物质文化包括井冈山精神、长征精神、延安精神等红色革命精神。

在中国共产党领导人民革命和建设的光辉历程中，组建的军队被命名为红军，开辟的革命根据地瑞金被称为红都，还有南湖的红船、井冈的红旗、长征的铁流、抗日的烽火等，这便是红色文化得以命名的渊源。红色文化与中国的乡村大地、与中国的农民群体血脉相连。中国共产党人之所以能取得革命的胜利，离不开广大农民的支持，从一次又一次的起义到农村包围城市的路线，中国农民与中国工人都是红色文化的缔造者，因而红色革命历史遗迹也大多坐落在广大的农村。红色文化流动在农民的血脉里，传承在农民的基因中。

红色文化凝炼了中国共产党的革命精神，中原大地以其深厚的伦理内涵滋养着中国共产党的革命精神，孕育着红色文化。这些红色文化在新时代的社会实践中得以传承。深入挖掘红色文化的价值，是弘扬民族精神的现实需要。

（三）家国一体的宗族文化

宗族文化是同宗、同族约定俗成的民俗文化，经过千百年的提炼和整理，传承于族人之间，有的载入史册，有的则铭刻在人们心间。这是中国特有的传统文化，它与儒学、礼教文化相得益彰，是民间崇尚的传统文化。宗族是维系中国社会结构的一条纽带，宗族文化中的家风、宗祠、牌坊等元素充满了传统文化的色彩。

中原地区是农耕文明的源头，长期处于一种以土地私有为基础，以宗族关系为核心的社会体系中。这种宗族关系决定了宗族观念在个人的伦理道德、思想观念中具有至高无上的地位，宗族观念自然就成为协调宗族内部人与人之间关系的道德准则和行为规范。宗族关系向上发展形成了家国一体的社会模式，在这个模式中的每一个个体都重视民族、家族、家庭的稳定性，重视家庭亲情关系，尊重家庭和家族长辈权威，遵守宗法制度下的伦理道德传统。与此同时，在这样一种特殊的社会结构中，只有国家存在，国土得以保全，社会才不会动荡，人民才能有田可耕、安居乐业。因此这一社会结构决定了中原人民会自发地形成一种对国家、对国土的无上重视和责任感，也决定了人民会将集体利益置于一切个人利益之上，强调“天下兴亡，匹夫有责”，甚至可以为此而“舍生取义”。

在宗族文化所蕴含的伦理道德中，“孝”处于核心地位。“孝”的内涵不仅包括孝顺父母，还包括服从家族中长辈的权威。宗族文化还体现为对亲情的自觉维护和对家庭成员的关爱。家庭成员会把照顾养育子女、赡养父母当作自己的义务并自愿履行，此后这个范围又扩大到对宗族中其他成员的关爱——对同村、同乡、同胞的关爱，这就是传统儒家思想中强调的“仁爱”。在这种宗族关系的影响之下，人们又把对宗法制度的遵守上升到政治领域，即对君主权威的服从和对国家利益的维护。中国古代士人的价值观念是“修身、齐家、治国”，他们认为个人的一切努力和修为，只有上升到为君主尽忠和为国家服务奉献的高度，才能最终体现出个人的生存价值。到了现代，这种观念就体现为对祖国大好河山的热爱、对国家独立统一的拥护、对社会主义制度的维护。

三、乡村文化建设的实践路径

在乡村振兴战略实施的背景下，以河南为代表的中原地区的乡村文化建设取得了一定的成效，乡民淳朴、乡村美丽、乡风文明的目标都在建设文明河南、彰显中原伦理精神魅力的要求下不断在具体实践中实现。

（一）乡村光荣榜：中原乡贤引领道德新风尚

传统的乡贤也被称为“士绅”或“乡绅”，在传统乡村中，他们是官府与乡民舆情的联系中介，作为一个上通下达的群体，他们在地方事务中具有一定的权威地位，以他们为主体，逐步孕育、产生和发展的乡贤文化，在传统乡村社会治理中具有积极意义。随着中国社会的巨大变革，乡贤主体已经发生显著变化，传统乡绅阶层退出了历史舞台①。由于传统乡贤文

① 参见季中扬、胡燕：《当代乡村建设中乡贤文化自觉与践行路径》，《江苏社会科学》，2016年第2期，第175页。

化的主体多为士绅，他们本质上处于被剥削地位，这决定了传统乡贤文化的本质是封建、压迫、剥削。但不可否认，乡贤文化对于乡村治理和维护乡村稳定起到了重要作用。在实施乡村振兴战略的背景下，传承发展乡贤文化，就是要对其进行创造性转化和创新性发展。我们要不断吸收它在淳化乡风、社会治理和价值观塑造等方面的优良基因，为文明乡村建设提供文化滋养。

为传承发展优秀乡贤文化，从2020年5月起，河南省文明办在全省农村广泛开展了“乡村光荣榜”系列人物选树活动。经筛选把关、专家评审、社会公示等环节，共产生了2020年度河南省“乡村光荣榜”系列人物120人。“乡村光荣榜”分为9个单元，分别是“好媳妇”“好丈夫”“好妯娌”“好儿女”“好公婆”“好邻居”“好乡贤”“好党员”“好支书”。“乡村光荣榜”的评选有利于发挥农村群众身边典型的示范引领作用，旨在培育文明乡风、良好家风、淳朴民风，改善农民精神风貌，提高乡村社会文明程度，为推动文明乡风建设提供榜样支撑和道德力量。

这120位河南“乡村光荣榜”的上榜人物便可以被称为新时代的乡贤，他们所具有的品质既体现了他们对中华优秀传统文化的传承，也体现了中原伦理的乡贤文化内涵。“新乡贤文化”是在中国特色社会主义条件下，在乡村振兴战略背景下对传统乡贤文化进行的创造性转化和创新性发展。发展中原新乡贤文化，既要汲取中原传统乡贤文化的精华，又要赋予中原乡贤文化以时代内涵，使之发展成为与乡村振兴相契合的先进文化形态。发展中原新乡贤文化，对于中原地区政治、经济、文化等方面的发展具有十分重要的意义。

首先，发展中原新乡贤文化，能够助力中原地区乡村的经济腾飞，实现城乡协调发展。从基层上看去，中国社会是乡土性的。深居内陆、以农耕为主要经济基础的中原地区更是如此。乡村振兴，关键在于人才。因此，发展中原新乡贤文化，能够吸引、培养为中原发展做贡献的人才。

其次，发展中原新乡贤文化，有助于加快中原地区乡村自治的进程，构建乡村治理新格局。以文化人，人以弘道。传承中原乡贤文化，就是要传承其蕴含的扶助困难、救济乡里的奉献精神，培育热心乡村公共事业发展的新乡贤。中原新乡贤是一种当地民众所认同的复合型精英群体，他们在乡村的自治、德治和法治进程中发挥着重要作用。中原乡贤文化的地域性、内生性、亲民性，赋予了新乡贤在民众中很高的声望和社会地位。他们成为“体察民情”的中介枢纽，从而形成农民、乡贤和政府之间的新型“三角稳定结构”。新乡贤既能够对乡村干部进行监督管理，向他们反映村民的迫切需要，也能够向村民解释上级政府的文件精神，促进政府决议的顺利实施，有利于缓和乡村干部与村民之间的矛盾，开创乡村治理的新局面。

最后，发展中原新乡贤文化，有利于引领中原乡村文明新风尚，推动社会主义精神文明建设，助力培育和践行社会主义核心价值观。中原新乡贤文化具有根植乡土、贴近性强的特点，它蕴含着见贤思齐、崇德向善的精神力量。发展中原新乡贤文化，能够促进文明乡风孕育，进而在乡间形成浓厚的向上向善的道德氛围，促使乡民形成道德自觉和良好的行为规范。中原新乡贤崇尚文明、崇尚科学、崇尚道德的高尚品格和精神品质，能够起到直接的榜样示范和价值引领作用。因此，中原新乡贤文化是社会主义乡村文明的重要组成部分。

（二）建设美丽乡村，展现文化新风貌

党的十八大以来，习近平总书记就建设美丽乡村、加强农村精神文明建设，提出了一系列富有创见的新思想、新观点、新要求。2015年，国家质检总局和国家标准委发布国家标准《美丽乡村建设指南》，规定了美丽乡村的村庄规划和建设、生态环境、乡风文明、长效管理等建设内容。这与党的十九大提出的乡村振兴战略一脉相承。党的十九大报告提出，实施乡村振兴战略，要坚持农业农村优先发展，按照产业兴旺、生态宜居、乡风文明、治理有效、生活富裕的总要求，建立健全城乡融合发展体制机制和政策体系，加快推进农业农村现代化。

党的十八大以来，以习近平同志为核心的党中央高度关注中国农村的

发展问题，不断引导全社会从根本上树立文化自信。在国家顶层设计的引导下，我国农村建设打开了新局面。全国乡村都积极思考如何从根本上留住民族文化的根脉，如何对乡村文化进行传承和创新。河南省的乡村建设也迈出了稳健的步伐，下面笔者将以河南省信阳市郝堂村的美丽乡村建设为例，分析河南省乡村文化建设实践的可取之处。

郝堂村位于信阳市平桥区东南部城郊，距离主城区约20千米，村域面积20.7平方千米，全村辖18个村民组，共620户，总人口2300余人。2011年4月，其被平桥区确立为可持续发展实验村。在这一背景下，平桥区政府和北京绿十字合作，开始了“把农村建设得更像农村”的“郝堂·茶人家”项目建设。该项目以“建设有品位的农村、育有道德的农民、聚有内深力的村民共同体、修复有千年传统的乡村自治”为目标。经过两年的建设，2013年住建部将郝堂村列入首批“美丽宜居村庄示范”名单，2014年获农业部“中国最美休闲乡村”称号，2015年获住建部“中国人居环境范例奖”。郝堂村从默默无闻到游人如织，从穷乡僻壤到美丽乡村，从人们想要逃离的农村变成农民甘于安身立命的场所，美丽乡村建设经验值得推广借鉴，相关部门主要从以下几个方面着手。

1.打造良好乡土文化发展平台

第一，维持乡土本色。相关部门在规划的过程中，因地制宜，使当地建筑风格既体现中部平原特色，又符合当地居民的审美情趣。

第二，修复乡村文明。积极进行污水处理，培养农民绿色、低碳的生活理念；营造独特的乡村景观；引导农民进行垃圾分类。

第三，提供乡土文化传播平台。建设一站式社区服务大厅、党员活动室、警务室、综合治理调解室、社区文化中心、社区文化广场、乐龄养老服务中心和村卫生室等，极大满足了村民的生活需求；积极开展文化活动，依托村党员活动室、农家书屋、农村广场等阵地，借助传统节日举办每年一次的郝堂民俗文化活动，为乡土文化的传播提供展演的平台；充分发掘文化资源，重修昭庆禅院、张玉衡烈士纪念馆，新建了叶楠、白桦文学馆和展示豫南传统非物质文化遗产的展览馆。上述举措都为乡土文化在郝堂村的传承和发展提供了物质基础和制度保证。

2. 打造乡土文化符号

郝堂村通过塑造乡土文化符号来传播乡土文化。

第一，器物层面的文化符号打造。其主要包括以下几个方面：农田家舍。郝堂村的农舍或紧挨着稻田，或集聚在村中心，是农民休憩的场所，也是其安全感和社会地位的象征。郝堂村的乡村建筑群落具有独特的地域特征。建筑院落保留原来的四合院的形式，建筑的表皮保留了灰青砖色和泥巴土黄色，以飞檐、石砌矮墙、长满青苔的青石条、旧水缸、石磨盘等对建筑进行装饰，形成典型的豫南乡村民居风格。这样的农田家舍作为基本的乡土文化符号，能够唤起人们对家乡的记忆，带给人们归属感，给游子漂泊的心灵提供休憩的归所。

山水池塘。郝堂村三面环山，依山傍水，山上种满了茶树，苍翠欲滴，茶叶是当地的经济作物之一。在乡村改建的过程中，没砍一棵树，全部保留了河道两旁的树种。灌溉用的池塘边放置了水车和风车，既能用于生产，又展示了原始农耕文化。池塘里种植的水生植物形成了独特的湿地景色。山水和池塘文化呈现出静谧、沉浸、湿润的乡土气息。

陆羽茶坛。郝堂村以兴建陆羽茶坛为载体，重构与茶相关的文化与信仰，这也是“郝堂·茶人家”的精髓所在。

第二，制度层面的文化符号打造。其主要包括以下两个方面：村规民约。乡村社会以生活共同体而非政治共同体的形式存在，因此其主要通过民间自发形成的约定来进行自我管理。村规民约，古称“乡约”，是村民们共同商量、共同讨论、共同制定的，是每个村民都必须遵守、执行的规定、规则。许多村落制定的村规民约都刻在石碑上，立于村头、宗祠、庙堂、牌坊等公共场所。村规民约的制定与民众的日常生活息息相关，它体现了一个地区成员的意志，村民对其具有较强的认同感。郝堂村在美丽乡村建设过程中，村民代表大会共同商议、制定了《共育文明新风·建设美好家园倡议书》《新农村建设三字经》《文明卫生村庄公约》，其内容包含社会治安、村民风俗、邻里关系、婚姻家庭、农户环境卫生、权利义务、沼气建设、生态菜园建设等方面，有助于提高广大村民自我教育、自我管理、自我服务、自我监督的能力，还有助于提升本村的文化认同，加强内部团结和邻里和谐。

家风家训。家风是一个家庭或家族在长期的生活实践中形成的风气、风格和风尚，体现了一个家庭或者家族的生活态度、处事方式等。在美丽乡村建设过程中，郝堂村村委会致力于带动广大村民改善社会风气。如村委会引导鼓励村民勤劳致富，勤于耕作，诚信交易，诚实买卖；积极促进学校的落成，鼓励村中学子勤奋努力，自强不息。村落中到处都有宣传语，如“明礼厚德，尚礼崇法，尊老爱幼，勤俭持家”“唯宽可以宽人，唯厚可以载物”等，时刻提醒村民要遵纪守法，以诚待人。郝堂村的村风家风建设不断规范人与人之间的交往，他们力图重现传统乡村那种守望相助的淳朴之风。

第三，精神层面的文化符号打造。具体表现为村庙与古树两个方面。精神信仰是乡土文化的重要组成部分，村民信仰形式依地域、民族的不同而有所区别，但信仰的本质是一致的。在郝堂村，村民的信仰莫过于寄托在村头的太古庙和村中心一棵三百年的古银杏树上。村庙作为村落一种特定文化的展演空间，对村民的日常行为起着规训的作用。郝堂村的古银杏树郁郁葱葱，吐故纳新，如同卫士守护着这里的村庄，郝堂的精神气质也会如古树一般润泽后代。

岁时节日。在中国的乡土文化中，逢节必要热闹一番。春节唱大戏、元宵节闹元宵、端午节赛龙舟、中秋节家人团聚，这些节日都是以热热闹闹、喜庆团圆为特征。就连村里的红白喜事也要吹拉弹唱，追求热闹。人们在喜庆的节日里常用舞龙舞狮来祈求保佑。剥离热闹的节庆文化的外壳，我们可以看到农耕信仰的本质。人们在努力劳作之外用舞龙舞狮等活动来表达五谷丰登的美好愿景。

3.打造乡土文化品牌

第一，打造“郝堂·茶人家”文化品牌。2011年4月，北京绿十字和信阳市平桥区政府共同合作，开发了可持续发展的乡村改建项目“郝堂·

茶人家”。郝堂村先在生态建设上下功夫，走绿色生态发展之路，如壮大茶产业这一支柱产业，积极扶持有机绿色农业；同时发展乡村休闲观光旅游产业，改造乡村环境，对民居、道路、水系、桥梁等进行美化；精心培育乡村文化产业，如重修张玉衡烈士纪念馆，新建了叶楠、白桦文学馆等，打造郝堂村名人文化，使前来观光、学习的游客在领略茶文化的同时，也能够感受具有地方特色和历史人文精神的乡村文化，以及具有本土特色的伦理精神。

第二，发展旅游产业。郝堂村因地制宜，落实了陆羽茶坛、昭庆茶坊、唐茶骚站、毛尖原种园、禅茶园、画室等商业文化项目，还建成了河南省第一个单车旅游园，游客可以边骑车边欣赏沿路景色。单车文化促进了低碳出游和旅游产业的融合，有利于绿色旅游品牌的打造。

第三，以民居为核心的旅游产业链发展。郝堂村以村落建筑群为核心，以民俗与民风为依托，发展了一系列围绕民居及民居文化为龙头的产业链。郝堂村正在不遗余力地打造复合旅游模式，目的是以发展旅游业的方式传承乡土文化。

4.积极开展媒体宣传

第一，主流媒体合力宣传郝堂经验。郝堂的成功经验成为媒体着力宣传的对象，郝堂经验和郝堂精神成为“美丽乡村”建设的范本。《人民日报》、《光明日报》、《河南日报》、中央电视台、河南电视台等主流媒体多次报道了郝堂村的建设情况，虽然如此，在主流媒体宣传上相关部门仍要持续发力，推动郝堂文化更加积极地“走出去”。

第二，图文并茂利用新媒体广泛宣传。郝堂村作为美丽乡村的典范，吸引了大量游客前来旅游参观。人们把郝堂美景和自身所闻所感用图文、视频的方式分享到社交网站，产生了良好的口碑效应，进而吸引更多人前往。郝堂村村民委员会开设了微信公众号“印象郝堂”，如果我们点开“3D漫游”功能，虚拟现实技术会将郝堂美景呈现在我们眼前，里面还提供了餐饮指南和团购服务。当地微博资讯博主经常转发网民拍摄的郝堂美景并和网民互动，增加了郝堂的曝光率。河南有名的自媒体“豫记”也在微信公众平台连续发文赞誉郝堂。“今日头条”也开设了头条号“郝堂世外桃源”，主要介绍郝堂的四季美景、村庄建设以及文化发展。这些新媒体在宣传郝堂文化方面发挥着积极作用，继续结合新媒体对郝堂进行宣传势在必行。

第三，郝堂形象与媒体塑造。郝堂良好形象的树立既是其自身努力的结果，也和媒体的塑造分不开。一个村庄的形象，不仅是外在的建筑和风景，还包括其气质和精神，具体表现为村民的生产生活方式、风俗习惯、精神风貌、言行举止、幸福指数和生活满意度等。媒介技术的发展使得人们打开手机就能了解天下大事，人们自然可以根据媒体中塑造的郝堂形象来对其作出评价，“考察”后以决定是否选择这个村庄作为旅游目的地。通过上述的文本分析，我们可以看出郝堂在媒体报道中均以积极正面的形象呈现，是“美丽乡村”的代表之一。我们要继续从风景形象、经济形象、文化形象和村民形象四方面树立良好郝堂形象。

“美丽乡村”郝堂村山美、水美、人美，其在现代文明进程中与时俱进，给乡村带来了开拓进取的精神、家庭关系的改善、开放竞争的经济环境，也保留了传统文化的宝贵财富，这也是对乡村文化价值的延续和传承。这个位于河南信阳的小小山乡，将淳朴、聪慧、勤劳的中原伦理道德品质和热爱集体、尊重自然的中原伦理传统观念融入自身建设之中，成为乡村文化建设的完美范本。

第三节　中原伦理与新时代公民道德建设

中华文明作为一种独具生存智慧与发展潜力的人类文明，在20世纪末至21世纪初，重新爆发出令人叹服的魅力。近百年来，勤劳、勇敢、智慧的中国人民通过自己的艰苦奋斗，使我们的国家越来越强大，迎来了百年未有之大变局。在这个过程中，伦理文化作为中华文明的灿烂成果，是激励劳动人民创造财富、推动社会发展的强大动力，通过对这些灿烂的精神文明成果的传承与发展，培养出一代又一代优秀的中华儿女。

中原伦理作为一种极具影响力的文化伦理形态，是中华灿烂文明的重要组成部分，其构成了中国传统伦理道德规范体系的基底，从最深层次对中原人民的社会生活秩序和个体生命秩序进行规范和设计，塑造着中原人民乃至整个中华民族的精神风貌和个性。尤其是对新时代的中国青少年群体而言，他们被寄予厚望，被认为是一国之未来，是保证国家兴旺发达的原动力。为使中华民族走向伟大复兴、社会和谐发展，我们要重视对青少年的道德教育，青少年的思想道德素质直接关系国家的未来与社会的安定团结。加强对青少年的道德教育是教育的重中之重。国家教育不仅要培育出有能力、有创新精神的人才，更要把青少年培养成为有道德、有集体主义奉献精神的高素质人才。在道德教育中，德育主体与德育客体之间的互动离不开德育载体。选用恰当的载体才能使道德教育收到较好的成果。因此，对我国道德教育的文化载体的梳理与选择具有重要的现实意义，选择得好能够切实提升我国道德教育工作的质量和效率。

一、道德教育文化载体概念简述

（一）道德教育

道德教育是人类社会实践的一个重要方面，自阶级社会形成和国家产生以来，这项实践活动就是一种客观存在，历史上依次更迭的各社会阶段，无不以各种形式从事思想政治教育活动。在我国，德育的内容应当包括三个主要层次：一是基本道德行为规范的教育，二是公民道德与政治品质的教育，三是较高层次的世界观与人生观教育、理想教育等。

第一，基本道德行为规范的教育。基本道德是对个体的基础性道德要求。基本道德往往是历史上传承下来为人类社会广泛接受的道德规范。道德教育的基本目的是要教会其教育对象学会做人，培养教育对象正直、诚实、勇敢、仁爱等基本品质。

第二，公民道德与政治品质的教育。公民道德与政治品质教育的主要内容包括集体主义、爱国主义、民主法治观念和其他政治常识的教育等。

第三，世界观、人生观和理想教育。世界观、人生观、理想是人的精神内核。对世界观、人生观和理想的培育是德育的最高目标。

（二）道德教育的载体

"载体"最先是一个科技术语，后来被广泛应用于其他学科领域，学术界普遍认为其含义为：某些能传递或运载其他物质的物质[①]，如化学工业中常使用的石棉绒、浮石、硅胶等，航空航天业中的飞机、火箭等，以及生活中的汽车、火车等都可被称为"载体"。但是随着社会分工的细化和科技革命的深入开展，各学科领域之间的交集越来越多，"载体"这一概念也被广泛运用于其他学科领域。"载体"在社会科学领域通常被理解为承载知识和信息的物质形体，而不同学科对"载体"概念的界定及运用也存在很大的区别。"载体"这一概念是在20世纪90年代被引入道德教育领域的，在其引入之初，即形成了"道德教育载体"这一概念。传统道德教育载体是指在网络新技术发展以前的，以实物为承载、传导德育思想和内容的工具，能为德育主体所运用且主客体可借此相互作用的一种德育活动形式，如知识学习、管理活动、文化建设活动、精神建设活动等，都可以是传统德育的活动形式，即传统德育载体。随着科技的发展，网络数字技术、网络软件、手机技术等新媒体全面进入人们的生活并产生深刻的影响，以电脑、手机等互联网终端为代表的网络信息技术成为德育的新载体。

（三）道德教育文化载体

狭义的文化，是相对于政治、经济而言的人类的全部精神活动及其产品，具有明显的地域性与时代性。作为地域性的文化，是指一地区源远流长、独具特色的文化传统，是特定区域的生态、民俗、传统、习惯等文明

① 参见陈万柏：《思想政治教育载体论》，武汉：湖北人民出版社，2003年版，第7页。

表现；作为时代性的文化，其随着时代的发展，形成着符合当时的社会需求与政治需求的文化。本书在第一章论述了中原文化的丰富内涵，我们可以看到中国的文化是一种复合的文化而不是单一文化，既包括物质文化，也包括精神文化。道德教育的目的是陶冶受教育者道德理想，并促进其道德实践，要实现这一目的势必离不开各种各样的文化载体。因此，在笔者看来，道德教育的文化载体指的是中华民族在数千年发展和实践中逐渐形成的凝结着中华民族精神与民族风貌的对人民长期以来以及今后的社会生活实践和意识形态起着规范性作用的观念、价值和知识的总体表征。这种文化载体既包括有形的物质实体，也包括无形的精神文化载体。

二、中原道德教育文化载体的主要类型

中原伦理源远流长、博大精深，是中原精神文化的集中表征。中原道德教育的文化载体形式多样，承载着中原伦理的丰富内容。笔者将按照德育内容的三个主要层次：基本道德行为规范的教育，公民道德与政治品质的教育，世界观、人生观与理想教育，来梳理中原道德教育的文化载体。

（一）基本道德行为规范的养成：传统文化环境的影响

基本道德行为规范的养成能够使一个人成长为一个道德高尚、人格完善的社会公民，拥有诸如正直、诚实、勇敢、仁爱等优秀品质。中原伦理体系和中原大地，为中原地区开展道德教育提供了良好的物质环境和文化环境，其中也包含着种类繁多的文化载体，笔者以一些实例来分析。

1.诗词典籍中的基本道德规范——以孝亲文化为例

孝亲是中原伦理的重要内容，也是伦理道德的基本准则。中华民族“孝”的思想源远流长。“孝”指的是善事父母、尊祖敬宗和传宗接代。随着社会的发展，“孝”的客体由群体发展为家庭，即孝道，然后再推己及人，达到《礼记·礼运》描绘的“天下为公”的“大同”社会。从古至今，我国有许多经典著作对“孝”进行了论述，如《诗经》《论语》《礼

记》《史记》《孝经》《全相二十四孝诗选》等。此外，用于儿童启蒙的《弟子规》中也包含对“孝”的论述。

中国孝文化源远流长。《礼记·王制》记载：“凡养老：有虞氏以燕礼，夏后氏以飨礼，殷人以食礼，周人修而兼用之。五十养于乡，六十养于国，七十养于学，达于诸侯。”由虞氏，即舜帝，由此开始了养老之礼。这一时期，舜能够被举荐并最终成为尧的接班人，最重要的一个原因在于其面对顽父嚣母而能忍受，使得家庭和谐而不出乱子，这种品质使他成为中华第一孝子。

《礼记》作为儒学经典，其中包含的儒家思想相当丰富。“孝”作为儒家思想的核心概念之一，是深深植根于中国人民心中的伦理道德规范和内在行为准则，在中国传统文化中有着举足轻重的地位。孝道思想是《礼记》的重要内容，《礼记》中的许多具体礼仪都以儒家孝道思想为其内在规定性，二者相辅相成。《礼记》中所体现的以孝道为价值支撑的礼仪，伴随着历史不断发展变化，在不同社会时期都发挥着独特作用，并随着时代发展历久弥新，在今天的社会中同样值得借鉴。在祖先崇拜和血缘亲情影响下产生的孝观念，以及在宗族制下形成的礼文化，通过宗庙祭祀产生联系，并伴随社会发展扩展到奉养等各个方面。家庭礼仪、社会礼仪、君臣礼仪三个不同层面的礼仪均以孝道思想作为价值内核。随着社会的发展，孝道思想不断突破家庭范围，不断被社会化、政治化，这使得孝的内在本质由一种报本返祖精神上升为一种伦理概念和实践原则。

在宋代，虽然孝的核心已经是事君重于事父母，但是孝道伦理也得到进一步强化，并出现了很多关于孝道的理论著作，比如朱熹的《童蒙须知》、司马光的《家范》、邵雍的《训世孝弟诗》等。明清时期，孝道被进一步强化，各类家训类著作大量涌现，其更为重视孝道的实践性和具体操作性，较为著名的作品有清代李毓秀编撰的《弟子规》，其流传至今并成为当今社会上许多儿童的开蒙读物。

此外，“二十四孝”为孝文化发展过程中的产物，也是学术界研究民间孝文化和推广中华传统文化必不可少的组成部分。“二十四孝”人物故事在中国民间广为流传，普通百姓多少都有听过“卧冰求鲤”等著名的孝道故事。

《游子吟》是唐代诗人孟郊创作的一首五言诗。这是一首母爱的颂歌。该诗采用白描的手法，通过回忆一个看似平常的临行前缝衣的场景，凸显并歌颂了母爱的伟大与无私，表达了诗人对母亲的感激和对母亲深深的爱与尊敬之情。“慈母手中线，游子身上衣。临行密密缝，意恐迟迟归。谁言寸草心，报得三春晖。”语言淳朴素淡，情感真挚自然。孟郊的这首《游子吟》艺术地再现了人们所共感的平凡而又伟大的人性美，所以千百年来引起无数读者强烈的共鸣。直到清代，又有两位诗人吟出了这样的诗句：“父书空满箧，母线萦我襦”（史骐生《写怀》），“向来多少泪，都染手缝衣”（彭桂《建初弟来都省亲喜极有感》），这两首诗也具有重要的道德教育价值。

诗词作为中华传统文化的瑰宝，是我国的独有文体，其言简意赅，格式工整，韵律优美，蕴含着中华民族深厚的文化理念。将诗词融入道德教育，能够让公民在学习文化知识的同时感受到其中的思想内涵，这有利于提高国民整体的综合素质，促进其身心健康全面发展，在弘扬文化自信的同时也培养了其对传统文化的认同感，实现其道德素养和人格修养的共同提升。

2. 戏曲艺术中的基本道德规范——以豫剧文化为例

戏曲是中国传统文化中一颗璀璨的明珠，是一种极富个性与魅力的文化形式。在漫长的历史岁月中，它一直在舞台艺术中占据重要地位，对当时的社会生活产生了深远的影响。任何一种艺术都是在一定的环境中产生的，是特定历史阶段的产物，戏曲艺术也不例外。在中原传统文化的土壤中孕育成长的豫剧，兼具古典性和民间性，是历史和文化的深厚积淀，也浸润着中原群众的精神和血脉，中原群众通过戏曲艺术表达着全体成员共同的情感和理想。

清末，豫剧流行的主要区域是开封、商丘及其周围等地。20世纪以来，豫剧在全国各地得到了广泛的传播，豫剧之所以能够得到大范围的传播和推广与河南人口的迁徙和流动是分不开的。历史上，作为兵家必争之地的河南，屡经灾荒战乱。大批的河南难民为了生存，不得不走南闯北，漂泊流亡，比如抗日战争爆发后，河南大部分地区沦陷，加上灾荒频繁，广大沦陷区的人民生活在水深火热之中，曾经热闹的茶座也陷入了沉寂。大批的河南难民流往各地，这些灾民大都世代居住在河南，流亡过程中他们对宗亲故土念念不忘。为了排解思乡之情，他们便在茶余饭后，三五成群地聚集在一起，拉起琴弦，唱起家乡戏曲。后来，他们开始组织剧团以慰思乡之情。陕西、甘肃、山东等地的豫剧团就是在这一时期建立和发展起来的。受战争的影响，豫剧迅速传播到各地，形成了遍地开花之势。中华人民共和国成立后，良好的社会环境给戏曲艺术提供了新的发展机遇，戏曲成了社会主义文化的重要组成部分，旧社会备受歧视和压迫的艺人的社会地位也随之提高。在政府对戏曲艺术的重视和扶持下，艺人的创作、演出积极性空前高涨，这使戏曲艺术进入了一个前所未有的新发展时期。《朝阳沟》在全国的巡演及其电影版本的热映是这一时期全国豫剧热的缩影。作为戏曲大家庭中的一员，豫剧这一深受老百姓喜爱和欢迎的地方剧种也与时俱进地迈入了新的历史征程：艺术观念不断更新，演唱水准迅速提高，从业人员队伍发展壮大，分布区域不断扩展，豫剧很快便成为全国最有影响的地方戏之一。

1994年，河南电视台开播了一个以河南地方戏曲为主的民俗化、大众性电视戏曲栏目——《梨园春》，经过探索与多次改版，该节目观众的参与热情和观看兴趣大大提高，参与人数之多、参与年龄跨度之大、参与范围之广都远远超出了人们的预想，从城市到农村，从儿童到老人都踊跃登台。尤其是自1999年增加“戏迷擂台赛”这一环节以来，戏迷观众参与节目的积极性空前提高，节目收视率也不断攀升。“戏迷擂台赛”成了整个节目最大的卖点。在《梨园春》的带动下，河南省内的十多家电视台也相继开办了类似的电视戏曲栏目，形成戏曲在河南遍地开花的繁荣景象。其他省市的电视台也竞相模仿，纷纷利用地域优势开办具有当地特色的戏曲栏目，形成了“梨园春现象”。

豫剧的魅力如此巨大，与豫剧中旗帜鲜明的价值观、道德观念表达有密切关系。豫剧中蕴含着鲜明的惩恶扬善意识，彰显着中原伦理中的善恶道德观念。中原地区在历史上的重要地位注定其是政治、思想控制最为严格的地方，所以中原文化中所包含的伦理观念、道德观念相对浓重。在长期的封建社会中，伦理道德与政治是密切相连的，甚至是融为一体的。在这种文化土壤中产生的河南豫剧，承载的道德内容和政治内容的分量相对较重，其剧目都以惩恶扬善作为创作目的。以征战、公案、忠奸斗争、宫廷斗争为内容的剧目，大都宣扬儒家治国平天下的理想，宣扬忠君爱国、清正爱民、廉洁奉公等，批判背主求荣、误国害民、贪赃枉法、谋取私利等；以家长里短、父子兄弟夫妻等关系为内容的剧目，大都宣扬以孝道为中心的家庭伦理，如父慈子孝、夫敬妻贤、忠于爱情等。河南豫剧的剧目具有浓重的伦理倾向和政治倾向。

道德感和政治责任感向来都是人类最宝贵的情感。承载道德内容和政治内容，宣扬本民族的优秀道德，表现进步、健康的政治倾向是豫剧艺术的鲜明特征。这种扎根于中原地区的戏曲艺术，对长期生活在这一地区的人民而言具有天然的亲切感，广受百姓欢迎，因而，将其作为道德教育的文化载体，是具有独特优势的。

当然，我们也应该看到，随着时代发展和信息技术的进步，包括豫剧在内的传统艺术形式渐渐在传播广度上与时代脱轨。利用新的媒体技术，与时俱进地发挥豫剧文化道德教育的功能，是当务之急。

3.传统武术中的基本道德规范——以太极拳文化为例

中国的武术源自先民的狩猎、打斗动作，其以中华文化为理论基础，以技击方法为基本内容，这也是武术区别于其他以肢体运动为表现形式的传统文化项目的根本所在。民间武术是指民间自发开展的武术习练活动，一般以地方拳种的传承为主要形式。

中国武术以“德薄艺难高”为指导思想，将“武德”的培养视作通向上乘境界的精神航标。温县陈家沟人陈王廷创立的太极拳，是中国武术文化的一个重要流派。太极拳以刚柔并济为特征，以强身健体、修身养性为主旨。太极拳发源于中原腹地河南省焦作市温县陈家沟，因而理所当然地受到中原传统伦理道德的浸润。中原地区传统伦理道德中的诸多思想被深深地融入太极拳之中。因此，太极拳是理想的德育文化载体。人们在参与太极拳运动强身健体的同时，还能够从核心层面深入了解太极拳文化，为太极拳技法中所体现出来的德行观所影响，进而引导习练者自省、内化，涵养自身的道德品行，实现太极拳对人的道德教化功能。

太极拳蕴含丰富的伦理价值。第一，从太极走架中所要求的身宜端正、气宜中正中我们可以感知做人要有正气观；从习拳、练拳时所要求的处恭守敬、持谦守礼中我们可以体会对人恭敬、谦虚的礼让观；从太极盘架的自我之合与太极推手中的与人之合中我们可以领会人我之合的和谐观。

第二，太极拳文化中蕴含丰富的“仁义”“道义”思想。“仁义”拳、“道义”拳中蕴含着“舍己为人”的精神、“不偏不倚”的高尚道德品质等。在太极拳流派的门规戒律中，其创始人陈氏先辈的“门尊十二严”（“端”“公”“仁”“浩”“忠”“诚”“敬”“正”“义”“勇”“信”“德”）与新时代所提倡的“爱国、敬业、诚信、友善”等社会主义核心价值观不谋而合。练习太极拳要求练习者需具有的坦荡的心胸、仁慈善良的品行、宽大的胸怀等与新时代要求人们应具有良好的思想道德品行相契合。总之，通过弘扬太极拳文化可以引导公民养成谦虚冷静的心态、处变不惊的状态、坦荡豁达的态度、舍己为人的胸怀等，从而达到陶冶道德情操和提升涵养的目的，进而培养其良好的道德情操。

（二）公民道德与政治品质的培养：古今榜样示范

公民道德与政治品质教育的主要内容包括集体主义、爱国主义、民主法治观念和其他政治常识的教育等。中原地区的伟大历史人物、红色革命先烈和当代社会的道德模范身上也体现着这些公民道德和政治品质，他们都是道德教育的优秀榜样。我们在进行道德教育的过程中可以筛选出一些中原地区的、对社会进步有重大贡献的优秀历史人物，以他们作为榜样，教育我们的下一代向他们学习，成为一名具有较高道德素养和政治素养的公民。

1.历史人物的高尚情操

在几千年中华文明中，存在着无数具有高尚道德情操的历史人物，这些历史人物在我们的历史上留下了浓墨重彩的一笔，他们的事迹能够对我国青少年产生积极影响。以南宋时期抗金名将岳飞为例，他身上就包含了许多值得我们学习的优秀道德品质。

岳飞，字鹏举，相州汤阴（今河南省汤阴县）人，南宋时期抗金名将、军事家、战略家、民族英雄、书法家、诗人，位列南宋“中兴四将”之首。岳飞从二十岁起，曾先后四次从军，先后参与、指挥大小战斗数百次。金军攻打江南时，他力主抗金，收复建康。岳飞是南宋杰出的统帅，他率领的“岳家军”号称“冻死不拆屋，饿死不打掳”。金军有“撼山易，撼岳家军难”的评语，以示对岳家军的由衷敬佩。岳飞英勇善战，却从未将杀人视为乐趣，“仁心爱物”，不妄加杀戮。他曾与张俊谈论用兵之术，说：“仁、信、智、勇、严，五者不可缺一”。他将“仁”放在五德之首。在抗金战争中，岳飞“以信义著敌人不疑”，又令部下不得擅自杀俘，使部分女真兵和被征发的签军也“有亲爱愿附之意”。

岳飞体恤人民疾苦，“每调军食”，则常有忧色，他说：“东南民力耗弊极矣！国家恃民以立国，使尔曹徒耗之，大功未成，何以报国？”（《鄂国金佗稡编》卷九）他重视发展生产，对流离失所的民众都尽量将其妥善安置于防区内，有时还拨发军粮赈济，又严禁军队抢劫和骚扰百姓。在他的严格治理之下，岳家军所到之处，民众无不欢欣，以至“举手加额，感慕至泣”。岳飞在以严治军的同时也重视爱护士卒。出戍或出征时，他命妻子李娃遍访将士家属，嘘寒问暖，以金帛周济；战斗时，只简单要求军士“手执得枪住，口有唾得咽，则已是勇也”（《鄂国金佗续编校注》卷二十七）；伤病者他则亲自慰问，甚至亲手调药；战死者则吊唁尽哀，抚育孤寡，或以子婚其女。

岳飞的文才同样出众，其代表词作《满江红·怒发冲冠》是传诵千古的爱国名篇，后人辑有文集传世。岳飞虽出身寒微，但十分注重气节涵养，其在戎马生涯中，经常手不释卷，不少史料中都有他十分好学的记载。南宋初的诸大将中，岳飞书辞最勤，已有时誉。《满江红·怒发冲冠》表达了岳飞对民族敌人的深仇大恨，对国家统一的强烈愿望，饱含了不可压抑的国土沦丧之痛和爱国深情。《小重山·昨夜寒蛩不住鸣》为他的上乘之作，亦为词学界所青睐。此外，岳飞在书法方面也颇有造诣，其传世名作有《书谢朓诗》《前后出师表》《吊古战场文》《凤墅帖》等。

岳飞抗击外敌、保家卫国的爱国情操对后世影响巨大，抗日战争时期，以岳飞词作谱成的歌曲《满江红》，作为激励中国人抗战的精神武器，得到了广泛传唱，对爱国军民起到了巨大的鼓舞和感召作用。1931年九一八事变之后，为呼吁民众抗日，文字学家周承忠从岳飞手书《吊古战场文》的碑拓中集出“还我河山”四字，刊登于《中国形势一览图》上，后又被《东方杂志》转载。“还我河山”随即传遍全国，与《满江红》词一起，成为岳飞精神的象征。

岳飞的爱国主义情操使得无数后人感怀崇敬。他勇而怀仁、才情兼具的美好道德品质使他具有巨大的人格魅力，他是对新时代公民进行道德教育的完美榜样。

中原伦理的道德教育并不局限于以中原地区的优秀历史人物为文化载体，全国范围内的优秀历史人物都可以作为中原地区开展道德教育的文化载体。比如三国时期的蜀国丞相诸葛亮为了兴复汉室投入自己的所有精力，北宋“先天下之忧而忧，后天下之乐而乐”的范仲淹，拥有高尚爱国情怀的顾炎武等，这些历史人物的道德品质和伟大情怀很容易激发人们的向往和钦佩之情。此外，在我国历史中，还有许多历史人物面对困难，不卑不亢、敢于抗争，他们的精神也有巨大的教育意义，他们也都是我们学习的榜样，通过向他们学习能够帮助我们解决许多现实中的问题。如汉朝的司马迁即便遭受腐刑，也没有放弃自己最初的志向，以客观公正的态度写出了名垂千古的历史巨作《史记》；祖冲之为了使圆周率的计算结果更加准确，用极大的耐心和毅力进行了上万次的计算。我们可以引导人们对这些历史人物进行学习，这样可以使他们深刻地体会到正是因为这些历史人物才造就了屹立于世界之林的中华民族，从而提升其民族自豪感，进而在潜移默化中提升他们的道德水平。

2.红色英雄的革命理想

理想信念、政治素养是中原伦理道德教育的重要内容。坚定的理想信念，是凝聚人民团结奋斗的思想基础；坚定的理想信念，有助于我们克服任何困难和挫折；坚定的理想信念，也有助于我们维护国家独立、保证国家安全。如今我们来之不易的幸福生活离不开无数革命先烈的牺牲奉献和艰苦奋斗，更离不开他们对共产主义的信仰和对革命理想的坚持。

我们之所以能建立统一的国家，摆脱积贫积弱，就是因为革命先烈们有理想，有信念。无数革命先烈在战争年代之所以能够抛头颅、洒热血，靠的就是共产主义信仰。他们相信只有社会主义才能救中国，只有社会主义才能发展中国，社会主义是中国历史的必然选择。坚定的理想信念和高尚的爱国情操以及他们的英雄故事是我们开展道德教育的重要素材，也应为中原伦理所传承与维护。

在战争年代，中原地区也涌现出许多革命英雄人物，杨靖宇便是其中之一。杨靖宇，原名马尚德，1905年2月出生于河南省确山县李湾村一个农民家庭，1923年考入河南省立开封纺织染料工业学校。在校学习期间，他受到中国共产党和中国共产主义青年团组织的培养教育，阅读进步书刊，接受共产主义思想，参加革命活动，1926年加入中国共产主义青年团。同年，受中共河南党组织派遣，杨靖宇回到家乡确山从事农民运动。

1927年4月，为配合国民革命军的北伐战争，杨靖宇参与领导了确山农民暴动，并取得成功，同年5月加入中国共产党。1928年春，他受党组织派遣先后到确山、信阳、开封、洛阳一带从事党的地下工作，期间曾几次被捕，屡受酷刑，坚贞不屈。脱险后，党组织派他到上海党中央学习并从事党的秘密工作。1929年春，杨靖宇奉中共中央之命赴东北，任中共抚顺特别支部书记。他化名张贯一，深入抚顺煤矿，联系工人群众，恢复重建被破坏的党组织，领导工人同侵占中国煤矿的日本矿主进行斗争。九一八事变后，党组织派他担任东北反日总会的领导工作。

1933年初，中共中央在给东北各级党委和全体共产党员的一二六指示中，要求在东北建立抗日统一战线，以党领导的抗日游击队为骨干，联合其他抗日武装，共同进行抗日斗争。杨靖宇积极贯彻落实党中央和省委的指示，于同年9月领导成立了东北人民革命军第一军独立师，并任师长兼政治委员，1937年任东北抗日联军第一路总指挥兼政委。杨靖宇成为东北抗日联军的主要创建人和领导人之一。他率部长期转战东南大地，打击日伪军，威震东北，有力地配合了全国的抗日战争。中共中央称之为“冰天雪地里与敌周旋7年多的不怕困苦艰难奋斗之模范”。日伪军将东北抗联特别是其主力第一路军视为眼中钉肉中刺，反复进行所谓“讨伐”。在1939年秋冬季，杨靖宇在组织东南满反日伪军“讨伐”作战中，与魏拯民等指挥部队化整为零、分散游击，自己率警卫旅转战于蒙江一带。最后，他只身与敌周旋五个昼夜，以坚强的毅力英勇顽强地战斗着，直至弹尽粮绝。1940年2月23日杨靖宇在吉林蒙江三道崴子壮烈牺牲，时年35岁。

杨靖宇牺牲后，残忍的日本侵略军无法理解这位英雄何以能够在冰天雪地里，在长时间被围困且完全断绝粮食的情况下，顽强坚持战斗。日军将他剖头剖腹，发现他的胃里尽是枯草、树皮和棉絮，竟无一粒粮食！侵略军也无不为之震撼。抗日战争胜利后，为纪念杨靖宇这位抗日民族英雄，1946年东北民主联军通化支队改名为杨靖宇支队，吉林省蒙江县改名为靖宇县。

类似的革命英雄人物数不胜数，还有吉鸿昌、许世友、宋学义、赵伊坪、郑廷珍等人，他们也为革命胜利作出了巨大牺牲和贡献。现在国家发展了，人民生活改善了，我们要饮水思源，不能忘记这些革命先烈，他们不能仅仅被载入史册，我们更应该让他们的精神“活”起来，他们是鲜活的德育文化载体，我们应用他们坚定的理想信念感染每一个中国人，在人们心中树起一座丰碑，教育人们要坚持共产主义理想。

3.时代楷模的道德品质

淌过历史的长河，迈过曾经的战火，我们的国家在改革开放的大潮中前进。即使在和平年代，依然有无数的英雄仍在艰苦奋斗、无私奉献。他们中有的人为推动社会进步、时代发展作出杰出贡献，有的人在平凡的岗位上默默奉献，有的人用自己的经历或行为彰显着社会价值取向及时代精神，还有人不断展现着中华传统美德和良好社会风尚。正是千千万万个时代楷模的身体力行，让我们的国家和民族更加生机勃勃。他们感动着每一个中国人，他们诠释了新时代的公民品德，展现着和谐社会风貌。

自2002年起，中央电视台每年都会从全社会各行各业中推选出10位楷模，评选为"感动中国"年度人物。这个活动被誉为"中国人的年度精神史诗"，是中华民族精神的集中体现。这些"感动中国"年度人物中，也有许多是河南人。这些河南人的身上蕴含着中原伦理中的许多可贵品质，有力地展示了河南人民纯朴善良、无私奉献的情怀，也显示了中原伦理精神在中华传统文化中的重要地位。以下笔者收集了十几位感动中国人物的事迹。

张玉滚（2018年）

主要事迹：2001年，从南阳第二师范学校毕业的张玉滚放弃在城市工作的机会，回到家乡镇平县高丘镇黑虎庙小学，从一名每月拿30元钱补助、年底再分100斤粮食的民办教师干起，一干就是17年。学校的教师换了一茬又一茬，他却默默耕耘，始终坚守，托起大山的希望。

颁奖词：扁担窄窄，挑起山乡的未来；板凳宽宽，稳住孩子们的心。前一秒劈柴生火，下一秒执鞭上课。艰难斑驳了岁月，风霜刻深了皱纹，有人看到你的沧桑，更多人看到你年轻的心。

王锋（2016年）

主要事迹：王锋，河南省南阳市方城县广阳镇古城村人。2016年5月18日，南阳市卧龙区西华村一栋民宅突发大火，浓烟迅速吞没了整栋楼房。租住在一楼的王锋发现火情后，义无反顾地三次冲入火海救人，挨家挨户敲门示警，20多位邻居无一伤亡。

颁奖词：面对一千度的烈焰，没有犹豫，没有退缩，用生命助人火海逃生。小巷中带血的脚印，刻下你的无私和无畏，高贵的灵魂浴火涅槃，在人们的心中永生。

王宽（2015年）

主要事迹：郑州戏曲圈里有这样一位老艺术家：台上兢兢业业唱好戏，台下尽心尽力做善事，戏迷们夸他是德艺双馨的好人，他就是王宽。

1998年退休后，王宽夫妇陆续收养了6名老家的孤儿。为了供养这些孩子吃饭穿衣、读书学艺，王宽决定放下自己国家一级演员的身段，去茶楼卖唱，这一唱就是十多年。

颁奖词：君子抱仁义：重返舞台，放不下人间悲欢，再当爷娘，学的是前代圣贤。为救孤你古稀高龄去卖唱，为救孤你含辛茹苦十六年。十六年，哪一年不是三百六十天？台上你苍凉开腔；台下，你给人间作了榜样。

陇海大院（2014年）

主要事迹：陇海大院是郑州市二七社区的一个老院落，1976年，这个大院出生长大的高新海因急性横贯性脊髓炎导致高位截瘫，胸部以下失去知觉。从那以后，看病、洗澡、理发、端屎端尿……大院邻居们就开始默默承担起照顾他的任务。

颁奖词：和风春满园。一场爱的马拉松，长跑三十九年，没有终点；一座爱的大院，满是善良的人、温暖的手、真诚的心，春去春回的接力，不离不弃的深情；鸽子飞走了还会回来，人们聚在一起，就不再离开。

胡佩兰（2013年）

主要事迹：胡佩兰，解放军3519职工医院和郑州市建中街社区卫生服务中心坐诊医生。悬壶济世的梦想，支撑着98岁的仁医胡佩兰在退休后仍连续坐诊二十余年，直至走完人生的最后一程。

胡佩兰生活节俭，舍不得在自己身上多花一分钱，但她经常大方地给病人垫付医药费。她还拿出微薄的坐诊收入和退休金，捐建了50多个“希望书屋”。

颁奖词：技不在高，而在德；术不在巧，而在仁。医者，看的是病，救的是心，开的是药，给的是情。扈江离与辟芷兮，纫秋兰以为佩。你是仁医，是济世良药。

李灵（2009年）

主要事迹：2002年，李灵从河南省淮阳师范学院毕业。她回家后看到农村有大量留守儿童辍学在家，便萌生了在家乡办学的念头。为了自己学校的孩子能坐在宽敞的阅览室里看书阅读，李灵趁着放暑假，向父亲要了200元只身来到郑州。她买了一辆破旧三轮车，沿街收购各种书籍。烈日下，李灵骑着破三轮车穿街过巷，拿着秤一斤斤地回收旧书本。她用汗水载回了孩子们的“精神食粮”。

颁奖词：一切从零开始，从乡村开始，从识字和算术开始。别人离开的时候，她留下来；别人收获的时候，她还在耕作。她挑着孩子沉甸甸的梦想，她在春天播下希望的种子。她是八零后。

武文斌（2008年）

主要事迹：武文斌，河南省邓州市张村镇人，1982年10月出生，2002年12月入伍，2008年6月18日，在随部队参加四川汶川抗震救灾中，因连续奋战、过度劳累引发肺血管畸形破裂出血光荣牺牲，年仅26岁。在他参与抗震救灾的日子里，他总是找活干、抢活干，别人拦也拦不住。他身上的迷彩服总是湿了又干，干了又湿。战友们说，他的心里装的全是灾区群众。

颁奖词：山崩地裂之时，绿色的迷彩撑起了生命的希望，他树起了旗帜，自己却悄然倒下，在那灾难的黑色背景下，他26岁的青春，是最亮的那束光。

李隆（2008年）

主要事迹：李隆，河南省开封市人，任河南省公安消防总队郑州支队特勤大队副队长。入伍以来，李隆始终率先垂范，英勇顽强，先后参加灭火救援战斗3000多次，抢救遇险群众760余人。先后荣立个人一等功一次、二等功一次、三等功三次；2006年7月，被河南省人民政府授予“抢险救援尖兵”，并被评为河南省第四届“杰出青年卫士”。在2008年赴四川汶川抗震救灾战斗中，他为成功营救被困104个小时的李青松和被困124个小时的下刚芬做出了突出贡献。

颁奖词：火场、废墟，有多少次出生入死，就有多少次不离不弃。他用希望扩展希望，用生命激活生命。

李剑英（2007年）

主要事迹：李剑英，空军航空兵某部正团职飞行员。2006年11月14日，李剑英驾驶任务机，在训练结束下降途中，飞机不幸撞上鸽群，当时飞机下方有一个化工厂和大量的群众，如果跳伞后的飞机失去控制，坠入村庄，后果不堪设想。在生死攸关的16秒里，李剑英先后三次放弃跳伞求生机会，为了保护国家和人民群众的生命财产安全而不幸殉难。

颁奖词：烟笼大地，声震蓝天。星陨大地，魂归长天，他有22年飞行生涯，可命运只给他16秒！他是一名军人，自然把生命的天平向人民倾斜。飞机无法转弯，他只能让自己的生命改变航向。

谢延信（2007年）

主要事迹：谢延信，原名刘延信，河南省滑县人，是焦煤集团的一名普通员工。1973年，刘延信（后改姓为谢）与同村姑娘谢兰娥喜结良缘。第二年7月，谢兰娥去世前，嘱咐丈夫要好好照顾自己的爹妈和智障兄弟。1979年岳父患重度脑中风，家庭的重担全部压在了谢延信的肩上。33年来，谢延信以孝道为荣、以敬业为荣、以奉献为荣，将自己的爱心一点一滴地倾注到亡妻的三个亲人——瘫痪的父亲、丧失劳动能力的母亲、呆傻的弟弟身上。

颁奖词：当命运的暴风雨袭来时，他横竖不说一句话，生活的重担压在肩膀上，他的头却从没有低下！用33年辛劳，延展爱心，信守承诺。他就像是一匹老马，没有驰骋千里，却一步一步地到达了善良的峰顶。

王百姓（2006年）

主要事迹：王百姓，全国知名排爆专家，历任河南省公安厅治安总队调研员，曾荣获“全国公安系统二级英模”“全国优秀人民警察”“全国劳动模范”称号。从1969年参军至1985年转业到河南省公安厅至今，王百姓已经在爆破、防爆和排爆这个令人肃然的岗位上工作了37年。

他先后参加了国内数起特大爆炸案件的侦破和重大事故的查处工作，为侦破案件及处理事故提供了重要的决策依据；先后排除各类炸弹15000多枚，排除爆破装置和哑炮1100多个。他被人们称作“和死神打交道的人”。

颁奖词：王百姓时时命悬一线，老百姓才能天天平安。

洪战辉（2005年）

主要事迹：洪战辉，1982年出生于周口市西华县，先后就读于怀化学院、中南大学。他从12岁起，用单薄的肩膀担起整个家庭的重担，担当起照顾妹妹和父亲的重任，为求学和照顾家人，一直打零工维持学业和生计。

他喜欢说：“苦难的经历并不是我们博得别人同情的资本，奋斗才是最重要的。”

颁奖词：当他还是一个孩子的时候，就对另外一个更弱小的孩子担起了责任，就要撑起困境中的家庭，就要学会友善、勇敢和坚强，生活让他过早地开始收获，他由此从男孩变成了苦难打不倒的男子汉，在贫困中求学，在艰辛中自强。今天他看起来依然文弱，但是在精神上，他从来都是强者。

魏青刚（2005年）

主要事迹：河南农民工魏青刚，2005年8月8日，在青岛遭遇的麦莎台风中，三次跳入水中救人。在青岛崂山区海边，一个巨浪把岸边的一个女青年卷入海中。正在岸边的魏青刚没有丝毫犹豫，立即冲出人群，纵身跳下两米多高的防浪墙向落水女青年游过去。他顶着巨浪，一点点地靠近，一次、两次、三次，魏青刚与巨浪紧张搏斗，终于将落水女青年营救上岸。

颁奖词：沧海横流，方显英雄本色。为了一个陌生人，他在滔天巨浪中三进三出，危险面前他根本不需要选择，因为这瞬间动作，源于内心品质，他从人群中一跃而出，又悄然回到人群中去，他是“侠之大者”。

任长霞（2004年）

主要事迹：任长霞，曾任登封市公安局局长。她自1983年加入公安队伍，作预审工作13年，在郑州公安系统、市政法战线及省预审岗位练兵大比武中均夺取过第一名。2001年，她调任登封市公安局局长，解决了十多年来的控申积案，共查结控申案件230多起。

颁奖词：她是中原大地上的又一个女英雄。扫恶打黑，除暴安良，她铁面无私；嘘寒问暖，扶危济困，她柔肠百转。十里长街，白花胜雪，挽幛如云，那是流动在百姓心中的丰碑！一个弱女子能赢得百姓的爱戴，是因为，在她的心里有对百姓最虔诚的尊重！

张荣锁（2002年）

主要事迹：张荣锁，河南省新乡市辉县市上八里镇回龙村党支部书记。1975年，19岁的张荣锁迈进了军营，在北京当了5年兵。复员后张荣锁靠开采石料办起了石材厂，富裕了，可是他没有一天忘记过那条离家时走过的“老爷天梯”。当看到家乡父老乡亲还这么穷，他就找了乡长，说他来到村里当书记。张荣锁带领村民，经过艰辛努力，把回龙村建设成了富裕、和谐、幸福、美丽的新山村。

颁奖词：他已经拥有了财富，但他心里装着还在贫苦生活中的乡亲，他已经走出了大山，但他还想让所有乡亲都能够走出与世隔绝的山崖，他成就了一个多少代人未能实现的梦想，他拿出愚公移山的执着和勇气劈开了大山，在悬崖峭壁上为乡亲们开凿出通往外面世界的大道，更在人们的心中打开了一扇希望之门。他结束了一段贫困的历史，开创出一种崭新的生活。

一个个闪耀的名字，让我们看到了一个个平凡而又伟大的人物，他们将中原伦理中闪光的精神品质，如爱岗敬业、见义勇为、不怕牺牲、无私奉献、刻苦拼搏、勤劳勇敢等发扬光大，为整个社会的和谐幸福谱写出华丽的赞歌，这就是对人们开展公序良俗、社会公德教育的最好的素材。

（三）世界观的塑造：社会文化的浸润

中原伦理是中华民族文化的重要组成部分，滋养着中华儿女，为他们世界观、人生观和人生理想的形成提供精神养分，是指导人类行为语言发展的内在驱动力。世界观、人生观和理想的培育是德育的最高目标，同时也是德育的基础性工作。只有基本道德行为规范的教育和公民道德与政治品质的教育取得了成效，才能帮助人们树立正确的世界观、人生观及美好理想，才能帮助其形成正确的行事原则和行为规范，最终拥有健康、精彩的人生。

世界观是人们关于世界的总的看法和根本观点，其建立于一个人对自然、人生、社会和精神的科学的、系统的、丰富的认识基础上，它包括自然观、社会观、历史观、物质观等。世界观不仅仅是认识问题，而且还包括坚定的信念和积极的行动。对于一个人来说，世界观总是处于最高层次的，它是人的行为的最高调节器，制约着人的整个心理面貌，直接影响人的个性品质。可以讲，世界观决定一个人的人生观和价值观。价值观是指一个人对周围的客观事物（包括人、事、物）的意义、重要性的总评价和总看法。价值观通过人们的行为取向及对事物的评价、态度反映出来，是世界观的核心，是人们行为的内部驱动力。人生观是关于人生目的、态度、价值和理想的根本观点。它主要回答什么是人生、人生的意义是什么、怎样实现人生的价值等问题。其具体表现为苦乐观、荣辱观、生死观等。人生观的形成是在人们实际生活中逐步产生和发展起来的，受世界观的制约。

在人类历史上曾出现过多种有代表性的人生观，包括受到中国人民认可的共产主义人生观。它是无产阶级的科学的人生观。它把人的生命活动历程看作是认识和改造客观世界的过程，把消灭资本主义、实现共产主义、为绝大多数人谋利益看作是人生的崇高目的和最大幸福，其体现的人生价值和意义在于对社会所尽的责任和所作的贡献。人生的最大价值和意义在于努力为人民服务，无私地把自己的一切精力贡献给共产主义事业。

中原伦理集中反映了中原地区人民的世界观、人生观和价值观。例如“隆礼重法”“热情好客”“谦逊宽容”的处世原则，“恬淡淳朴”的群体个性，“父慈子孝”的家庭伦理，“包容豁达”的人生态度，“好气任侠”的行事风格，“精忠报国”的高尚情操等都是中原人民“三观”的体现。这些伦理观念深深地融入中原地区的社会环境中，通过风俗习惯、村落人居、风景名胜等细节教化了一代又一代的中原人民。因此，中原伦理道德教育的文化载体，也体现在物质和非物质的文化遗产中。中原伦理道德教育的文化载体浩渺如海，涉及社会生活环境和自然环境的方方面面，因而，本书对于中原地区的道德教育载体无法全面概括和一一列举，笔者在此选取具有代表性的载体列出。

1.传统节日与民俗符号的德育价值

传统节日起源于农业社会，与天时紧密结合，体现四时节气的特点。中国传统节日文化是我国古代先民根据其生产方式、生活方式形成的一套独特的礼俗制度。传统节日是中华传统文化的传承载体或文化形式，凝聚着我国各民族共同的文化结晶，涵盖着中华民族的共同理想。伴随着中华民族历史发展的轨迹，传统节日也一直处于发展变化之中，在不同历史时期，不同民族的人文风俗、民间故事、宗教文化等不断融入传统节日之中，使传统节日的文化内涵不断丰富，形成了一个涵盖精神、行为和物质三个层面的内容丰富、体系完整的文化系统。

我国传统节日中涵盖祭祀文化、天文历法、易理术数等。从远古农耕时期发展而来的传统节日，不仅清晰地记录着先民们丰富多彩的社会生活，也具有博大精深的历史文化内涵，如天人合一的世界观、敬祖孝先的道德观、团结友爱的民族观，可以说流传至今的传统节日是中华优秀传统文化的重要彰显和体现。

传统节日根植于农业社会，是农业文明的产物，其显著特点是对天时气候、自然规律的重视。我国古代先民在长期的生产劳动实践中不断总结生产生活和自然变化的规律，随着实践经验的积累和天文观测能力的增强，形成了四时八节的时令系统，到了汉代以后，又进一步分为了二十四节气，人们根据二十四节气的岁时变化，形成了春种、夏耕、秋收、冬藏的运作模式，循环往复。因此，传统节日大多依节气而形成，其大多与节气到来时要举行的相应仪式有关，这体现了先民们顺应天时、天人合一的世界观。

中国传统节日在其发展传承的过程中，尊老爱幼的中华民族传统美德不断被融入其中。从春节到冬至，在传统节日的民俗文化中处处体现着中国人思亲报本的感恩情怀，如春节，人们不仅要拜祭天地、祖先，感谢先人对自己的庇佑，还要向家中长辈亲人送上祝福，祈求他们身体安康；清明节，人们不仅要祭祀祖先，追思先人，还要与家人相聚沟通亲情；在古时重阳人们要登高祈福、佩插茱萸、祭神祭祖及饮宴求寿，这一习俗传承至今，并且与现代文明巧妙结合在一起。1989年我国把每年的重阳节定为“老人节”“敬老节”，在国家层面挖掘了其中蕴含的敬老、爱老的内涵。由此可见，“孝”文化从古至今都根植于中华民族的精神与血脉之中，成为传承中华传统文化的一条重要根脉。

再如传统节日中的端午节，虽然起源于先祖对于自然节气的运用，主要习俗是吃粽子、赛龙舟，但人们传承这一节日也是为了纪念战国时期的著名爱国诗人屈原。屈原出身于贵族，但他不与当时的楚国贵族同流合污，他明于治乱，娴于辞令，直言敢谏，虽屡遭谗臣陷害以至流放，但还心系百姓，关心国家的前途命运，国破之时宁愿抱石投江，以身殉国，其身上展示出忠君爱国、宁死不屈的民族气节。

“月到中秋分外明”。中秋之夜，月亮的圆满引起了人们对美好生活、家庭团圆的期盼，只要是中华儿女，无论身在何处，在月圆之夜人们都盼望团圆与统一，其成为凝聚中华民族的精神力量。

在传统节日里，风俗习惯总是体现为各种各样的符号，体现在人类的衣食住行、婚丧嫁娶、岁时节令、行为方式、思想观念等方面。可以说民俗文化的创造就相当于符号的创造，符号被创造出来，就是为了向人们传达某种意义和便于人们进行传承。汤圆是人们在元宵节必备的食品，粽子是人们在端午节不可或缺的食品，月饼也会准时地出现在中秋节赏月的饭桌上，而除夕夜的饺子更是不可或缺的。汤圆、粽子、月饼、饺子等在人们眼中绝对不仅仅是可食用的东西，也是这些传统节日的一种代表符号，共同享用这些食物则被人们视为家庭成员团团圆圆的象征。人们会提前开始购买、准备制作食材的原料，身在远方的游子也开始算着归期。这些节日习俗成为人们的一种行为规范，人们在这些规范中，享受着一种可以预见的美好生活。传统节日中的食物，往往也被人们赋予美好的祝愿，如白菜饺子意味着“白菜白菜，百财百财”，豆腐饺子则是象征“豆腐豆腐，都是福”。人们通过这些节日食物表达着对未来生活的期许，表达对富足、团圆生活的向往。

传统节日及其民俗符号都体现着中原伦理及中国传统道德文化体系的具体内涵，传达着人们的世界观、人生观和美好理想，将它们作为道德教育的文化载体，有利于增强中华民族的凝聚力和向心力，加强人们对传统节日的认同感，增强文化自信。

2.历史古迹与风景名胜中的文化观念

在广袤的中原大地上，有许多驰名中外的历史古迹与风景名胜，每一处都是中华民族的灿烂瑰宝，都彰显着丰富而浓厚的伦理文化韵味，是散发着巨大魅力的中原伦理道德教育的重要文化载体。

（1）白马寺与龙门石窟——中原地区佛教文化传播的注解

白马寺，中国第一古刹，世界著名伽蓝，位于河南省洛阳市，始建于东汉永平十一年（公元68年），是佛教传入中国后兴建的第一座官办寺院，乃中国佛教的“释源”（释教发源地）和“祖庭”（祖师之庭）。

龙门位于洛阳市南郊，由于古代帝王称自己为“真龙天子”，故称其为“龙门”。龙门自古为险要关隘，交通要冲，因山清水秀，环境清幽，气候宜人，素为文人墨客观游胜地，又因石质优良，宜于雕刻，故而古人择此而建石窟。龙门石窟是中国石刻艺术宝库之一，其中保留着大量的宗教、美术、建筑、书法、音乐、服饰、医药等方面的实物资料，从不同侧面反映了中国古代政治、经济、宗教、文化等多领域的发展变化，其在中国石窟艺术的创新与发展中起着重大作用。

（2）老君山——中原地区道教文化传播的历史遗迹

“天下无双圣境，世界第一仙山”。老君山原名景室山，位于洛阳市栾川县县城东南。八百里伏牛山脉的主峰，海拔两千米。其有两千多年的人文历史，是道教中历史最长的山脉。相传道教祖师老子在此归隐修炼，使之成为“道源”和“祖庭”，故而得名老君山。北魏时建老君庙，铁椽铁瓦，金碧辉煌。唐贞观年间，唐太宗重修景室山铁顶老君庙，赐名为“老君山”。明代成为道教主流全真派圣地。万历年间，明神宗诏谕老君山为“天下名山”，并发帑金建殿，其成为历史上唯一被皇家封为“天下名山”的山脉。唐、宋、明、清诸代都把这里尊为道教圣地。老君山气势雄浑，驻足峰巅，放眼四顾，可西瞻秦阙，南望楚地，北眺龙门，东瞰少林。历代文人骚客对老君山多有赞美，明代诗人谢榛曾慨叹老君山之美兼泰山之雄伟、华山之险峻、庐山之朦胧。

（3）嵩阳书院与汉三阙——中原地区儒家文化的历史标本

嵩阳书院是中国古代高等学府，位于河南省郑州市登封市区北三千米峻极峰下，始建于北魏太和八年（公元484年），时称嵩阳寺，为佛教寺院，宋改名为太室书院和嵩阳书院，并设院长掌理院务。嵩阳书院是程朱理学的发源地之一，也是研究中国古代书院建筑的范本。

汉三阙，又称东汉三阙，即太室阙、少室阙、启母阙，位于河南省郑州市登封市嵩山腹地及周围。汉三阙是一种特殊的石雕艺术，是中国现存最古老的国家级礼制建筑遗存，是研究建筑史、美术史和东汉社会史的珍贵资料。历史学家视之为惊喜，文物学家称其为骄傲，金石学家对其倍加推崇，考古学家将其奉若珍宝。

太室阙是中岳庙前的神道阙，建于东汉安帝元初五年（公元118年），阙高3.92米，分东西两阙，间距6.75米，是古代祭祀太室山神的重要实物见证。由太室阙和中岳庙构成的礼制建筑群，整体历史价值无与伦比。太室阙由阙基、阙身、阙顶三部分组成，每阙又分正阙和子阙。阙顶用石块雕成“四阿”顶（庑殿顶），阙身四面用减地平雕的技法，浮雕有百戏、狩猎、斗鸡、铺首衔环等浅浮雕图案六十余幅。它是我国现存最早的庙阙之一。

少室阙为汉代少室山庙前的神道阙，始建于东汉安帝延光二年（公元123年）前后，少室山庙又称少室祠、少姨庙。少室阙以青色块石垒砌，建筑构造和太室阙大致相同。阙通高3.75米，两阙间距7.60米。阙身分别浮雕狐逐兔、赛马、蹴鞠、兽斗、铺首衔环及山水图案六十余幅，反映了我国汉代的风情民俗。特别是蹴鞠图，其为佐证足球运动起源于我国提供了有利物证。

启母阙位于登封市区北部太室路中段北侧、万岁峰下，是东汉时期人们为纪念大禹之妻、启的母亲而建在启母庙前的神道阙。启母阙铭前十二行为题名，后二十四行为四言颂辞和仿楚辞体裁的赋，铭文记述了鲧、禹治理洪水的情况以及汉朝的圣德等内容。除铭文外阙身还有浮雕图案六十余幅，其中女子蹴鞠图曾在1990年北京举办的亚运会上展览。

中原地区的历史古迹与风景名胜数不胜数，许多名胜古迹都建在壮阔的山水之间，与周围的自然景观浑然一体，共同承载着中华民族的宝贵精神文化。上述三类便是儒释道三家的宝贵遗产，是儒释道文化的窗口。站在这些历史古迹面前，我们仿佛能与历史对话、与古人神交，沐浴在传统文化的雨露甘霖之中，流传千年的古人先贤的文化哲思、宗教观念呼之欲出，这是宝贵的精神财富，也是浸润在中华民族骨子里的文化精粹。

第四章　新时代中原伦理传播的策略创新

中原文化历史悠久，是华夏文明的起源。中原伦理是中原文化的核心与精髓，随着中原文化从地域文化到国家文化再到地域文化的历史变迁，中原文化由河南传于四方，传播到中国的大部分地区，甚至漂洋过海，影响整个东亚地区，中原伦理在其所到之处默默刻下或深或浅的印记。特别是进入新时代以来，中原伦理的传播与发展面临着新的机遇和挑战。

第一节　中原伦理的传播与发展

中原伦理的精华部分体现为中原人民的伦理信念、道德情操与理想追求，是中原社会前进发展取之不尽的精神养料。这些伦理文化通过历史文献、宗教经典、诗词歌赋、戏剧小说、民谣传说、法律制度、乡规民约和宗族家训等方式传承、传播。近现代以来，随着社会的发展和传播媒介的技术改革，中原伦理不仅不断创新发展，而且传播方式、传播渠道也都不断丰富，这决定了其在中原文化构成中的核心价值，彰显了其对中原地区长期、稳定、可持续发展所发挥的推动作用。

伦理是文化的核心与精髓，新时代中原伦理的发展是新时代中原文化发展的典型表现。梳理中国近现代社会变革的脉络与文化发展状况是梳理新的社会环境下中原伦理的创新与发展轨迹的前提。

一、中原伦理发展的社会历史背景

（一）新中国成立以前中国社会的变革

鸦片战争之后，新中国成立之前，中国山河破碎，国家积贫积弱，内忧外患不断，中国处于社会动荡的历史时期，全国人民在苦难和屈辱中挣扎。这个历史时期大致分为两个阶段：第一个阶段是从1840年鸦片战争到1919年五四运动前夕的旧民主主义革命阶段；第二个阶段是从1919年五四运动到1949年中华人民共和国成立前夕的新民主主义革命阶段。在这两个阶段，中国社会一直贯穿着两大主要矛盾：帝国主义和中华民族的矛盾、封建主义和人民大众的矛盾。针对这两大主要矛盾，摆脱帝国主义、封建主义和官僚资本主义的统治和压迫，争取民族解放、国家富强、社会进步和人民幸福就成了近代中国的根本任务。

（二）新中国成立后、改革开放前中国的社会发展

新中国成立之后，中国人民迎来了崭新的历史阶段。在这个时期，全体中国人面临着新的社会制度，新的经济、政治模式，面临着历经沧桑、百废待兴的社会生态。这个时期是探索的阶段，是艰难开创各种新局面的阶段。这一时期，无论是对于带领中国人民建立新中国的中国共产党，还是全国老百姓，全国各族人民都在摸着石头过河，都在磕磕绊绊中前进。这一时期中国虽然走了一些弯路，但也取得了许多成绩，如1950年，新解放区土地改革开始，抗美援朝战争爆发；1964年，中国第一颗原子弹爆炸成功；1970年东方红一号升空；1974年，第一艘核潜艇入列海军等。

（三）改革开放后中国的社会发展

改革开放至今，中国实现了经济的腾飞和综合国力的巨大提升，中国社会的发展取得了巨大的进步。如1997年，中国对香港恢复行使主权；

1999年，中国对澳门恢复行使主权；2001年，中国正式加入世界贸易组织；2003年，中国第一艘自行研制的空间载人飞船进入太空；2008年，北京举办第29届夏季奥运会；2012年，中国首艘航空母舰入列；2020年，北斗系统全球组网完成，中国832个国家级贫困县全部脱贫摘帽等。我国还树立了“到21世纪中叶，建成富强民主文明和谐美丽的社会主义现代化强国”的宏伟目标。

中原地区的人民在这漫长的历史时期里，与整个中华民族共同经历了社会的发展，并在这场社会变迁洪流中扮演着重要角色。同样，中原地区的人民也在中国社会的高速发展中实现了社会进步、经济增长、人民安居乐业。

二、中原伦理发展的社会文化基础

通过上述对于近现代中国社会历史脉络的梳理，我们可以看到“中国共产党”和“马克思主义”是近代中国社会高速发展绕不开的两个关键词。鸦片战争后，中国社会遭受重创，民不聊生。1919年的五四运动，为中国人民打开了思想解放的大门，西方科学文化向曾经封闭、贫弱的中国奔涌。先进的知识分子学习并在中国广泛传播马克思主义新思想，在马克思主义传播的过程中产生了救中国人民于水火的中国共产党。“只有共产党才能救中国”并不是一句口号，而是在特定的历史条件下，经过多方探索得出的结论。回顾近代以来的历史，我们可以看到出现过不少以身殉国、流血牺牲的仁人志士，可是中华民族的命运并没有改变。

马克思主义在中国被广泛传播并与中华优秀传统文化实现价值融通，成为指导中国共产党认识世界和改造世界的理论武器。这一深刻的价值融通根源于马克思主义与中华优秀传统文化自身的科学属性和优秀品格，经过中国共产党人的探索和发展，马克思主义与中国具体实践相结合，形成了一系列理论成果。从毛泽东思想到习近平新时代中国特色社会主义思想，都是马克思主义与中国具体实践和中华优秀传统文化有机结合、价值互化与升华的生动体现。

从根本上讲，中国共产党在各个历史时期的指导思想，无一不是根植于中华优秀传统文化中的家国情怀、爱国精神的，中国共产党人始终都渴望实现民族复兴、国家富强、人民幸福。这种传统文化的核心精髓与马克思主义先进思想的融会贯通，体现了中国传统文化的一贯特点，即海纳百川、包容兼济，中国人民用智慧不断吸收、创造出有利于中国社会发展的先进文化，并将其继续传承发展，生生不息、绵延不绝。

在这样的文化土壤中，中国社会在20世纪五六十年代涌现出一批时代英雄：铁人王进喜、两弹元勋邓稼先、人民的好干部焦裕禄、共产主义战士雷锋等。在改革开放的进程中继续孕育闪着时代光芒的先进人物：孔繁森、李素丽、袁隆平、屠呦呦、钟南山等，他们引领着社会发展方向。在新中国文化繁荣、代表先进文化的时代楷模不断涌现的时代背景中，中原文化也在与时俱进，朝着新时代的方向不断发展。

三、新时代中原伦理精神的传播与发展

（一）新时代中原伦理精神的彰显

我们对新时代的界定，除了上文“中原伦理发展的社会历史背景”“中原伦理发展的社会文化基础”中的直接依据外，其时间节点划分与传统的以生产关系性质划分出的社会形态中的社会主义社会和以生产力发展水平划分出的信息时代是密切关联的。1956年，随着“三大改造”的基本完成，社会主义的基本经济制度在中国全面地建立起来了。从20世纪50年代开始，中国社会不断地革新发展，中国文化发展也进入了新的阶段，这一阶段中国文化增添了新的内涵和生命力，而包含在其中的中原伦理精神的发展也进入了新时期。作为中原文化的核心内容，新时代的中原伦理精神以更加崭新的面貌、更加丰富的形式展现在社会生活的方方面面。

第一，新的社会历史环境、文化环境激发人们的爱国主义情感，并不

断赋予爱国主义以新的时代内涵。关于爱国人物，中原地区最有代表性的人物和事件，莫过于豫剧艺人常香玉，她于1951年向正在朝鲜作战的中国人民志愿军捐献一架战斗机。

常香玉，1923年9月生，原名张妙玲，河南巩县（今河南巩义市）人，2004年6月1日逝世于郑州。常香玉是著名的豫剧艺术大师。她9岁学戏，饱尝了旧社会民间艺人的辛酸。1938年，时值日寇侵华，为宣传抗日，她出演抗日时装戏《打土地》。在抗美援朝战争时期，常香玉听到“中国人民志愿军某高地遭受百余架敌机狂轰滥炸，全连战士壮烈牺牲”的消息后，为志愿军战士的艰苦作战条件感到痛心，决心为百姓义演，捐献一架战斗机。1952年2月，利用香玉剧社义演获得的捐款，常香玉向正在朝鲜作战的中国人民志愿军捐献一架战斗机。常香玉的举动激发了许多人的爱国之情。常香玉捐赠战斗机是当时体现爱国主义情操的典型事件，显示了她作为一位爱国艺人的民族气节，也是当时爱国主义精神空前高涨的缩影。新中国成立带给中国人民物质和精神上的成就感激发了孕育在中原地区人民骨子里的爱国爱乡之情。2004年，国务院追授常香玉同志“人民艺术家”荣誉称号。2009年，她被评为100位新中国成立以来感动中国人物之一。这是给予常香玉爱国主义行为的肯定。

第二，愚公移山等中原伦理精神在新时代焕发出更加耀眼的光芒。愚公移山的寓言故事见于《列子·汤问》，讲述的是愚公不畏艰难，子孙相继，挖山不止的故事，集中体现了中华民族知难而进、艰苦奋斗的伟大精神。敢与天争锋，面对挫折不屈不挠、永不言弃的愚公形象早已深入中原地区百姓乃至所有中华儿女的心中，是融入我们血液里的优秀伦理精神。这种中原伦理精神的伟大和赤诚，使它得以广泛传播并被广大人民群众铭记于心。于是在中国的历史上，特别是在中国近现代历史上，涌现出了千千万万个愚公，在社会建设中一直闪耀着愚公精神，无论是在革命战争时期、社会主义革命和建设时期，还是改革开放新时期都书写出灿烂的篇章。

比如在抗日战争时期，济源先后有近万名青壮年参军参战，支援陈谢大军渡过黄河，开辟中原战场，与敌人展开殊死战斗。在社会主义建设时期，安阳林县（今林州市）人民排除万难为修建红旗渠奋力拼搏。这个堪称奇迹的艰巨工程结束了林县人民十年九旱、水贵如油的苦难历史，并且孕育了“自力更生、艰苦创业、团结协作、无私奉献”的红旗渠精神，红旗渠被称为世界水利第八大奇迹。1974年，新中国参加联合国大会时，放映的第一部电影就是纪录片《红旗渠》，足见红旗渠精神对中国人民的重要意义，这是新时代的愚公移山，是中原伦理精神在新时代焕发出来的新光芒。在新时代，红旗渠精神依然是鼓舞中国人民艰苦奋斗、不断开拓进取的重要力量源泉。

第三，古代“大公无私”的父母官与当代“无私奉献”的人民好干部形象高度重合。“鞠躬尽瘁，死而后已”是后人对三国时期诸葛亮的评价。在当代，人民的好公仆、干部的好榜样焦裕禄在人民心中树立起一座宏伟的丰碑。

1962年，焦裕禄来到当时内涝、风沙、盐碱“三害”肆虐的兰考县担任县委书记，带领全县人民战天斗地，奋力改变兰考贫困面貌。他在兰考工作的470天中，靠着一辆自行车和一双铁脚板，对当时全县149个生产大队中的120多个生产大队进行了走访和蹲点调研。正是这种深入、系统、全面的调查研究，使焦裕禄同志能够在较短时间内对改变兰考面貌提出切合实际的规划。他生活简朴、勤俭办事，坚持吃苦在前、享受在后。他的衣、帽、鞋、袜都是补了又补、缝了又缝。焦裕禄同志以他的一言一行对什么是艰苦奋斗做了生动的诠释，这也正是他赢得群众拥护和爱戴的重要原因。1964年5月14日，积劳成疾的焦裕禄同志因肝病不治不幸逝世，年仅42岁。直到生命的最后一刻，他始终保持人民公仆的本色，想的仍然是人民群众的幸福安康。

（二）新时代中原伦理精神的传播

新时代中原伦理精神传承了中原传统伦理文化中最本源的朴素特质，保存了自强、仁德、爱国、奉献的基本内涵，结合新时代社会经济文化发展的需要，体现当下民众对和谐社会、美好生活的自觉追求。

党的十九大报告提出了中国发展新的历史方位——中国特色社会主义进入新时代。在新中国成立以后，特别是迈入新时代以来，以河南省为核心的中原地区跟随国家的战略脚步也在飞速发展，在社会精神文明建设上也越来越体现出时代特征。我们以在中原大地上焕发光彩的中原伦理的新发展为例，不难发现新时代中原伦理精神的传播也在与时俱进，越来越彰显出更大的感染力和号召力。

大别山精神、红旗渠精神、焦裕禄精神等是中原伦理精神在当代中国人民身上的传承和彰显，广大人民群众对这些伦理道德精神的颂扬和传播，领导者对这些伦理精神的宣传和弘扬，体现了他们对优秀伦理道德规范推动社会发展、提升人民素质、实现民族复兴伟大意义的积极肯定。特别是进入21世纪以来，我国各主流媒体推出的“感动中国”人物和其他各种大型文化节目，这些节目强化并凸显了包括新时代中原伦理精神在内的中华优秀道德文化，其在主流文化引导中发挥着重要作用，在大众文化常态互动的进程中传播和发展着优秀的伦理精神。

华夏文明的源头在中原，中原文化已经深深嵌入中华文化的基因中。随着社会变迁，中原文化不断被注入新的时代内涵，还与先进的外来文化进行融合发展，内涵不断丰富。在此情况下，中原地区也迎来了中部崛起、建设国家中心城市、设立郑州航空港经济综合实验区等机遇。中原人民将有更多的机会与世界交流，我们应该乘着这股东风，全方位、多角度、多渠道，讲好中国故事，将优秀的中原伦理传承下去并不断促进其“走出去”，让中原伦理在中华民族的伟大复兴之路上发挥应有的作用。

第二节　新时代中原伦理传播的媒介建构

一、媒介建构论

所谓建构，是指这样一个事实——人类生存的世界是一个不断实践的世界，实践是人类改变社会某些方面的行为方式。实践就是改造世界的活动，比如政治实践、经济实践、科学实践、社会实践等。当我们试图去了解媒介对当代社会的现象和实质产生何种影响的时候，不管是正面的还是负面的，都必须清醒地意识到媒介在人类实践中的复杂性①。

“媒介建构现实”是传播学界达成的一种共识，媒介所建构的现实与我们亲身体验的现实之间不是一种复制关系，而是再度创造或生产的关系。媒介建构论者认为这是一种以“虚拟”为特征的社会现实。沃尔特·李普曼认为，人们经常不是按照实际的事实与事件来作出决定，而是按照他们从新闻媒体中感知到的他们自认为真实的环境中发生的一切来做决定②。李普曼所提到的新闻媒体所构建的环境就是媒介现实。在这个虚拟世界中，媒介活动的参与者把亲身体验到的生活事件编码为媒介符号，而媒介上呈现的现实往往以新闻故事、戏剧寓言、新闻报道、图片或音乐等形式出现。媒介现实的虚拟性告诉我们，它不仅与经验世界的社会现实密切相关，而且还与媒介活动参与者的个体心理紧密相关，媒介、个体、社会三者共同构成了一种互为因果的三角关系，由此也形成了三种有关媒介建构研究的基本范式。

第一，符号学范式。在媒介建构现实的研究中，语言文化领域的学者

① 参见劳伦斯·格罗斯伯格：《媒介建构：流行文化中的大众媒介》，祁林译，南京：南京大学出版社，2014年版，第7页。

② 参见沃尔特·李普曼：《舆论学》，林珊译，北京：华夏出版社，1989年版，第10—18页。

关注的重点为媒介文本——文字、图像、声音等，这些都是媒介语言。他们一般采用内容分析或者符号学方法，通过研究话语的修辞与内容变化来研究语言符号的意义及其生产过程，这种思路可以被称为符号学范式，这种范式起源于结构主义语言学。这种语言符号的概念意义所指随着历史变化而变化。在不同的历史时期，人们就是借助语言符号来思考和区分其所生活的世界的。因此，我们正是通过语言符号这种媒介，把我们的现实世界与社会历史文化建立起了联系。

第二，社会学范式。社会学范式重点关注媒介建构现实过程中社会现实或社会结构在其中的作用，以及在社会现实与媒介现实的互动影响过程中知识的生产与消费问题。社会学范式的理论根源于彼得·伯格和托马斯·卢克曼的知识社会学。他们改变了古典哲学社会学的研究对象，使其从形而上的逻辑世界转到我们身体力行的日常生活世界。他们认为这种世界蕴含的日常生活现实因为具有高度的真实性而“成为最重要的现实”，这些日常生活现实互为主观。也就是说，他们认为这个世界只有通过行动者的社会互动才能建构完成。伯格和卢克曼还认为，社会生活中任何一个实在的建构，都只能是社会建构，即通过社会活动和社会生活本身来建构。而基本的建构程序为制度化、合法化和社会化，通过这些过程，我们的日常生活的世界可以被称为主观与客观融合在一起的社会实在。

第三，社会心理学范式。社会心理学范式认为，媒介现实的建构是媒介活动参与者对媒介符号的接受、理解与阐释的过程，也是媒介活动参与者自我认同的过程。故媒介活动中参与者的心理及相关外在化就成了关键问题。该研究范式主要来源于符号互动论。传播符号学家约翰·费斯克在批评以信息运输为目的的媒介工具论的同时，给予了强调意义生产的媒介建构论以“符号学派”的地位。社会学家布鲁默认为符号互动论有以下基本前提：其一，人们面对一事物所采取的行动是建立在意义基础上的，而这一事物是因为意义而存在的；其二，这些事物的意义来自一个人与他的同伴之间的社会互动。这些意义通过一个解释的过程得到处理或调整，而这个解释过程是人们在处理他所面对的事物的时候采用的方式。与传统的心理学理论不同，符号互动论的研究重点在于个体的符号互动。而媒介世界是典型的符号世界，受众接受与处理媒介信息的过程恰是典型的符号互动，而且从心理学的视角来研究媒介建构又能很好地填补个体心理这一重要维度，因此符号互动论就被运用到了媒介建构的研究中。

二、中原伦理传播的媒介建构路径

文化的传承需要借助一定的媒介，如远古的壁画、口述歌谣、文字，现代的电子媒介等。文化的传播更是离不开媒介载体，这就不可避免要提及媒介的建构。有意识地建构媒介现实是将文化等信息传播出去的非常有效的途径。

媒介建构的社会心理学范式认为，人们对事物所作出的行动是建立在意义基础上的，而这一事物是因为意义而存在的。对所有的中华儿女而言，广泛、高质、高效传播优秀传统文化具有重要意义。一是在国家治理层面，优秀传统文化的传播能够为国家治理提供有力的文化支撑，推进国家治理体系中的文化治理能力现代化。二是在民族文化层面，优秀传统文化的传播有利于增强文化自觉，坚定文化自信，提升广大民众尤其是青少年群体对于国家民族文化的情感认同、深切理解、自觉弘扬和大力传承。三是在社会观念层面，以优秀传统文化的精华涵养社会主义核心价值观，不断促进社会公众价值观体系的构建和稳固，能够切实增强社会公德观念的引导作用。四是在公民素养方面，传播优秀传统文化有利于公民个体人格的健全，有利于培养公民健康心理，逐步提升受众的媒介素养。在一定意义上而言，中华优秀传统文化的重要组成部分——中原文化精神内涵的传播同样重要。

作为中原文化核心与精髓的中原伦理，其主要由“无形”的思想观念、人文精神、道德规范、意志品质和“有形”的物质文化遗产等构成。想要将这些“无形”与“有形”的优秀文化资源传播出去，发挥前文中的四重积极效应，就需要建构系统的、蕴含中原伦理精妙内涵的具体的媒介符号，笔者称之为“具象化传播”。所谓具象化传播，主要是指对中华优秀传统文化中的思想、观念、精神内核以及固态化的历史文化遗产，进行动态的、立体性的具体形象化传播，其实现要依赖媒体产品，经由媒体产品而被受众接受、获取，产生传播效果。文化形象的媒介建构往往要通过事物或者细节的具象化传播才能完成，中原伦理的媒介建构也不例外。

结合上述媒介建构研究的符号学范式和社会心理学范式，笔者从中原文化的“影视化”具象表现来论述中原伦理传播的媒介建构。

（一）中原伦理的“影视化”建构与传播

1. 电影《少林寺》中的中原伦理内涵

提及有关中原伦理的电影名片，非《少林寺》莫属。《少林寺》是由中原电影制片公司制作的一部动作电影，由张鑫炎执导，薛后、卢兆璋编剧，李连杰、于海、丁岚、计春华、于承惠联袂主演。《少林寺》于1982年1月21日在中国香港公映。《少林寺》的公映可以说在当时掀起了一股狂热的“少林风”，创造了一个影视奇迹。该影片更是走出国门，激励很多国内外的青年人投身少林，学习武术。该影片巧妙地将十三棍僧救唐王的历史传奇与小虎为报父仇、出家学武的惊险故事糅合在一起，主要讲述的是，在隋朝末年，著名武术家“神腿张”抗暴助义，遭到了奸人王仁则的杀害，幸运的是其子小虎死里逃生，被慈悲为怀的少林武僧昙宗所救，小虎想要为报父仇，拜昙宗为师，习武少林，并落发为沙弥，法号觉远。一日，李世民偷渡黄河被王仁则兵马围困，觉远等施计解救。王仁则诬陷少林寺内有人通敌谋反，准备火烧少林。面对此，众僧浴血奋战，昙宗战死。此时李世民率兵返回攻陷洛阳，王兵哗变，王仁则被觉远手刃。为继承昙宗遗志，觉远受戒为僧，兼负武林统领。唐太宗谕立僧兵，并立碑表彰众僧义勇。自此，少林习武风盛，名传四海，威震四方。

这部电影不仅展现了扎根中原的少林武术精神的博大精深，还体现着中原人民的伦理道德观念，同时包含着佛教文化，这些也正是这部影片的魅力所在。

（1）博大精深的少林武术精神

武术精神是武术文化的灵魂，内涵主要包括：持之以恒的坚毅精神；厚德载物的宽容精神；匡扶正义的侠义精神；保家卫国的爱国精神；天人合一的和合精神。影片《少林寺》将中华武术精神展露无遗。

第一，持之以恒的坚毅精神。影片开头就介绍了在少林寺有专门给弟子练功的场所，那里地面是用黄砖砌成，在黄砖地上有四十八个陷坑，是少林弟子站桩造成的脚坑。影片还在觉远悟道之后利用蒙太奇的手法，表现其从春到冬持之以恒练武的精神。觉远最终通过自己的努力，练就一身超强武艺。“只要功夫深，铁杵磨成针”。艰苦的训练一方面能提高武艺，另一方面能磨炼一个人的意志，世间事贵在坚持。一个人只有经历了痛苦的训练和伤痛的折磨，才能在未来无论遇到多么恶劣的环境和强大的对手，都能做到见恶不惧，见强不畏。这种坚毅的精神正是持之以恒训练的结果。

第二，厚德载物的宽容精神。在影片《少林寺》中，每一个少林弟子身上都不同程度地体现了宽容精神。昙宗看到身受重伤的小虎，心生怜悯之情，虽然他心中清楚小虎可能会给少林带来灾难，但是他还是以一颗宽大的心包容了这一切。少林寺众僧人更是在战乱时代济世救人、施舍米粮，他们连一只小动物都不忍心伤害，更别说是人命。从影片打斗场景中他们使用的武器就可以看出这一点，官兵们用的都是利器尖刀，而少林弟子用的则是木棍，这正是宽容精神的体现。他们即使面对敌人也是同样忍让，不到迫不得已一般不会交手，更不会置对方于死地，这都体现了武者的宽广胸怀。

第三，匡扶正义的侠义精神。在正义与邪恶之间，匡扶正义是各个社会与时代所要求的，也是大势所趋、人心所向。在影片《少林寺》中，从觉远身上我们可以看出这种侠义精神。觉远身上的侠义精神主要表现为当他和牧羊姑娘看到遭受官兵追杀的李世民时，虽是萍水相逢，他们还是选择路见不平，拔刀相助。其侠义精神还表现在为社会鸣不平，肩担道义；为人民诉疾苦，见义勇为；为朋友披肝沥胆，两肋插刀。侠义在武者心中的地位是至高无上的，侠义的最高境界正是“匡扶正义，精忠报国”，为国为家为了正义而战，是武者对侠义精神的诠释。

第四，保家卫国的爱国精神。影片《少林寺》中的少林寺并不仅仅是一个习武的场所，对于每一个少林弟子来说，那里是他们温馨的家，少林寺里的每一个人都有自己的故事，他们都是无家可归的人，因此当少林寺遇到灭顶之灾时，他们挺身而出，保卫家园。当国家面临危难时，更需要每个人的勇敢与奋斗。于是，少林弟子们齐心协力驱除奸贼，保护黎民百姓，这体现了少林弟子保家卫国的精神。

（2）源远流长的佛教文化

公元前6世纪，乔达摩·悉达多在印度创立了佛教，佛教后发展为全世界最有影响力的三大宗教之一。佛教于西汉末年由古印度传入中国，在中原地区扎根。据史料记载，少林寺始建于北魏太和十九年（公元495年），距今已有1500多年历史。作为历代佛教兴盛的见证，少林寺可以说是中国最具代表性的佛教寺庙之一，它从不同方面反映了中国的佛教文化。作为与少林寺相关的影视艺术作品，影片《少林寺》不仅是一部具有艺术美感的电影作品，更是弘扬佛教文化不可多得的经典之作。该片中所展现的佛教文化，可以概括为以下两个方面。

第一，佛教的修行。主要包含六个方面内容：一布施，二持戒，三忍辱，四精进，五禅定，六智慧，即所谓的“六度”。布施，简单地说就是有钱出钱，有力出力。影片中老方丈率众僧向饥民施舍稀粥，在自身都不富裕的情况下，仍然坚持周济穷人，这正体现了六度修行的布施。忍辱，简单地说就是忍受各种痛苦和损害。痛苦，包括修行过程中的饥、渴、寒、暑、疾病及自然灾害等；而损害，则指一切众生对其所做的辱骂、欺侮、伤害等。影片中小虎为报父仇，甘愿出家，研习少林武功，历尽千辛万苦，这便是忍辱。六度修行中，还有一度为禅定，意思是用心专注于某一对象。禅定也叫坐禅，是佛教的一种重要修行方法，其目的是净化心灵，锤炼智慧，这在影片中也有体现。相传于南北朝时期，菩提达摩由印度远渡重洋来到中国宣传大乘佛教，后来到嵩山少林寺修行，创立了禅宗。禅宗的主要修炼方法叫“壁观”，即面壁沉思，静坐修行。影片开头介绍的少室山北麓的五乳峰下有个达摩洞，达摩曾在此面壁修行长达九年。天长日久，其身影投射在一块大石上，留下了千古传颂的“影石”。由于禅宗的修养方法简便易行，因而迅速推广流传开来。禅宗逐渐成为中国佛教的主流派别。菩提达摩被尊为中国禅宗初祖，少林寺被尊为禅宗祖庭。

第二，佛教饮食文化。佛教认为，饮食与健康有着密切的联系。佛教饮食观对中国传统饮食文化有着深远的影响，如吃素、戒酒、饮茶等。素食是大乘佛教慈悲精神的具体表现。在原始的佛教戒律中，僧尼是允许食肉的。这是因为当时的出家人过的是乞食的生活，施主家有什么就吃什么。只要没有看到，或没有听说，或没有怀疑这动物是专为出家人而杀，这样的“三净肉”是可以食用的。但因大乘佛教认为食肉就是杀生，而南朝的梁武帝笃信大乘佛教，于是规定僧尼禁止食肉，违者严惩。从此以后，素食逐渐成为中国佛教饮食习惯的主要特点。所以说，佛教禁止食肉，并非因为它是肉，而是因为不可杀生。食素是出于戒杀生的慈悲心。

2. 电视作品中的中原伦理精神

如果说电影《少林寺》通过荧幕为国内外的观众展示了中原伦理精神。那么《梨园春》栏目则为受众建构了一个真实朴素的中原伦理文化图景。

1994年，河南电视台勇敢面对挑战、大胆尝试，以厚重的河南传统文化背景为依托，以河南几千万农民为受众，开播了一个以河南地方戏曲为主的民俗化、大众性的电视戏曲栏目——《梨园春》。《梨园春》从此成为展示豫剧的舞台，吸引着无数的豫剧戏迷。在中原文化土壤中成长起来的豫剧，在不断发展的过程中，不断吸收着中原伦理的精神营养。

（1）中原文化重伦理道德与豫剧的惩恶扬善意识

中原地区在相当长的历史时期内是国家的政治中心，所以中原文化中所包含的伦理观念、道德观念相对浓重。在长期的封建社会中，伦理道德与政治是密切相连的，一些道德原则也是政治原则。在这种文化土壤中产生的豫剧，蕴含着丰富的道德内容和政治内容，每一个剧目都把惩恶扬善作为重要创作目的。以征战、公案、忠奸斗争、宫廷斗争为内容的剧目大都宣扬儒家治国平天下的理想和道德原则，倡导忠君爱国、清正爱民、廉洁奉公等，批判背主求荣、误国害民、贪赃枉法、谋取私利等；以家长里短、父子兄弟夫妻等关系为内容的剧目，大都宣扬以孝道为中心的家庭伦理，如父慈子孝、夫敬妻贤、忠于爱情等，批判不守孝道、不守妇道、背叛爱情等。河南豫剧的剧目具有浓重的伦理倾向和政治倾向。

（2）中原文化崇尚自然、恢宏大气与豫剧的自然之美、阳刚之美

中原文化是古代农业文明的结晶，农业生产对自然具有很强的依赖性，要想农业获得收成，人们的农业生产活动要顺应自然规律，不违农时。在这样的生产方式下，人们产生了崇尚自然的社会心理。其主要表现为两个方面：一方面是注意对自然界的观察了解，尊重自然界；另一方面是尊重事物的本然状态，自然而然。这种推崇“自然之美”的心理逐渐成为艺术创作的最高追求。在地理位置上，中原历来是兵家必争之地，这既给河南人民带来了战乱之苦，也让其在经受战争的洗礼和锻炼的同时，养成了沉稳、豁达豪放、尚勇好武的心理，显露出恢宏大气的品格。

豫剧具有浓郁的地域特色，是中原地区社会生活、地域文化的反映。其以博大的包容性、延续性不断发展壮大，从兴起于民间的河南梆子逐渐成为中国著名的地方剧种，中原文化孕育了河南豫剧。

《梨园春》的开播实现了中华民族优秀传统文化与现代传播手段的有效结合。特别是在《梨园春》改版后，在全国掀起了戏曲发展的一个小高潮。

此外，集中反映中原伦理的影视作品还有《焦裕禄》《华豫之门》《武林风》《少林功夫》等，它们通过动态的视频、生动的声音，将抽象的中原伦理融入具体的人物、故事中，在视觉的冲击下，人们更容易建构一个“媒介现实”，加深对中原伦理的感知和理解。

（二）黄帝故里拜祖大典的媒介塑造

轩辕黄帝是中华人文初祖，我国自古以来有农历三月三祭拜轩辕黄帝

的传统习俗。祭拜轩辕黄帝的习俗绵延至今，近年来形成声势浩大的拜祖大典，即每年农历三月初三在河南省新郑市举行祭拜先祖黄帝的活动。黄帝故里拜祖大典既弘扬了中华民族优秀传统文化，缅怀了始祖功德，又突出了中华民族寻根拜祖的主题，象征中华民族血脉相连、薪火相传，是中原伦理根亲文化的极大彰显。2006年以来，黄帝故里拜祖大典将民间传统仪式与现代媒介结合，影响深远。截至2019年，连续十余年成功举办的高规格、大规模的拜祖大典形成了影响巨大的媒介事件，其传播价值、文化内涵都得到了提升。

随着全媒体时代的到来，拜祖大典的传播方式和渠道在不断拓展，仪式过程与相关信息得到了越来越广泛的传播，传播价值也得到了不断提升。2006年，中央电视台、河南电视台向全球直播拜祖大典。2019年，手机媒体、网络媒体全方位参与直播，大典的辐射面更加广泛。2019年4月7日，己亥年黄帝故里拜祖大典在电视端和网络端同步直播，进行现场直播的电视媒体有：中央电视台国际频道、河南卫视、郑州电视台新闻综合频道、凤凰卫视、地铁电视；参与直播的网络平台有：人民网、新华社、今日头条、新浪网、易梨视频、郑直播、大河网、映象网、凤凰网、小米直播、斗鱼直播、YY虎牙直播、映客直播等。此外，在2019年的拜祖大典直播中，郑州电视台还采用了5G、4K、VR相结合技术，在百家姓广场和黄帝故里广场设置两台广播级360度全景VR摄像机，通过中国电信的5G通道，在《看郑州》新闻客户端直播，全景展示大典盛况，提升了观众的观看体验。

全媒体参与的阵容为世界各地的华人建构了这样一个媒介现实：拜祖大典规模巨大、规格极高、意义深远，是全世界华人祭拜祖先、获得身份认同的重要程序和仪式，具有极大的文化价值。

1.唤醒中华儿女文化记忆，提升民族认同感

通过各种媒介宣传拜祖大典，海内外华人华侨积极参加拜祖大典等活动，具有唤醒中华儿女文化记忆、提升民族身份认同的现实意义。扬·阿斯曼的文化记忆理论强调，在每个文化体系中均存在一种“凝聚性结构”。

这种“凝聚性结构”即文化记忆[1]。拜祖大典所传承的就是一种文化记忆，同时也是带有中华民族烙印的民族记忆。通过参与和观看拜祖大典，参与者与观看者的思想中的中华民族同根同源的历史记忆会被唤醒，民族记忆会更加深刻与牢固。

举行拜祖大典能够唤醒和强化中华民族的优秀传统和记忆。尤其是对于华人华侨而言，他们如今散布在世界的各个角落，有的离开中国已经几十年。拜祖大典仪式能够唤醒藏于他们血液中的民族记忆，并且创造新的记忆，使他们产生归属感。

拜祖大典所引起的中华儿女的同根同祖同源的情绪体验，以及对民族文化的感知等，都会唤醒他们对本民族的记忆，使他们对民族身份产生认同。

2.建构集体记忆，强化文化认同

黄帝文化孕育出中华民族中庸、谦逊的人格，待人宽厚、重视孝道的伦理道德，以及深刻的血浓于水的宗族观念、宗亲文化。这些都是中原伦理的核心组成部分。千百年来，这些精神内核不断内化为我们民族特有的世界观、价值观和处事方式，不断加深广大中华儿女对自己民族的认同和对祖先的崇敬。

拜祖大典把包括港澳台同胞、海外华人在内的中华儿女齐聚一堂，在这隆重庄严的盛事庆典中，广大中华儿女的民族情感随着极富感染力的仪式迸发出来，通过媒体观看仪式的中华儿女的爱国之心、民族之情也会得到极大的激发。

第三节　新时代中原伦理对外传播的内容与路径

中原文化作为中华文化的重要组成部分，在推动中华文化走向世界的

① 参见扬·阿斯曼：《文化记忆：早期高级文化中的文字、回忆和政治身份》，金寿福、黄晓晨译，北京：北京大学出版社，2015年版，第6页。

过程中具有举足轻重的地位。历史上，中原文化与其他国家文化互学互鉴、交流合作，是我国对外文化交流的重要桥梁和纽带。中原伦理是中原文化的核心与精髓，推动中原伦理对外传播，无论是对中华民族的伟大复兴还是对中原地区社会的建设和发展都有着十分重要的意义。

文化是民族血脉，是国家命运演进的齿轮，因此，作为中华文化重要组成部分的中原伦理，其对外传播不仅与中原地区的社会发展有最直接的关系，而且与民族文化的发展和国家命运血脉相连。本节内容以国家的对外文化战略为基础，探索中原伦理对外传播的实施路径。

一、中原伦理传播对当代中国发展的意义

（一）提升文化软实力对当代中国发展的意义

文化发展贯穿于国家发展的各个阶段，文化具有理想指引、凝聚人心的作用，对进一步扩大国家影响力，提升文化软实力也具有重要意义。中国是一个具有悠久历史和文化传统的国家，必须充分利用全球化这一宝贵的发展机遇，在经济实力不断提升的同时，促进文化交流和发展。只有软实力与硬实力平衡发展，才能更好地巩固国家取得的物质文明和精神文明建设成果。

1995年我国实施科教兴国战略，党和国家深刻认识到，“只有实施科教兴国战略，加大改革的力度，切实把经济建设转到依靠科技进步和提高劳动者素质的轨道上来，才能在激烈的国际竞争中立于不败之地”[①]。进入21世纪以来，国家对文化发展有了更开阔的思路和更长远的规划，明确提出弘扬中华优秀传统文化，扩大中华文化的影响力。可以说，当前中国对文化的重视达到了前所未有的高度，对文化的地位有了更加深刻的认识。国家在经济发展取得一定成就之后，自然就把发展重心向社会和文化方面倾斜。这一方面是社会平衡发展的需要，另一方面也是国家进一步提

①《十五大以来重要文献选编》(上)，北京：人民出版社，2000年版，第516页。

升综合国力的手段。文化日益成为综合国力竞争的重要方面，而文化建设不能一蹴而就，国际竞争的实质是以经济和科技为基础的综合国力的竞争，经济和科技的发展靠人才，人才的培养靠文化。

（二）传播中原伦理对当代中国发展的意义

1.发挥中原地区在国家发展中的重要的支撑作用

中原地区自古以来在整个国家的发展中都有着重要的意义。改革开放以来，全国各地都取得了一定的发展成就，河南也不例外，但相较而言，其还有很大的发展空间。

首先，河南交通区位重要，优势明显。河南地处我国腹地，承东启西、连南贯北，是全国“两横三纵”城市化战略格局中陆桥通道和京广通道的交汇区域，在全国综合交通运输网络中具有重要的枢纽地位。郑欧班列在中欧班列中辐射半径最大、货运量最多，郑州机场每周全货机航班量位居全国前列等。中原伦理的传播离不开人与人之间的交往和贸易往来，交通畅通是贸易往来必不可少的前提，因此，河南省的交通区位优势为中原伦理的传播创造了便利条件，成为文化“走出去”的重要窗口，对国家的发展具有积极的推动作用。

其次，河南发展基础良好，潜力巨大。河南省是农业大省，作为传统农耕文明的重要发展地区、北方旱作农业的重要播种区，为缓解我国的粮食压力作出了突出贡献。此外，河南省在投资、需求、消费、出口增长方面空间较大，在发展互联网、电子商务等新业态方面也有很大空间，可以形成后发优势。因此，在国家谋划区域发展的部署中，河南巨大的发展潜力将不断释放。

近年来，习近平总书记和李克强总理先后多次到河南考察。他们在肯定中原儿女素有艰苦奋斗、甘于奉献、不畏牺牲、服务全国的优良传统的同时，提出加快中原崛起的要求。河南也先后被纳入了粮食生产核心区、中原经济区、郑州航空港经济综合实验区、郑洛新国家自主创新示范区、河南自贸区等五大国家战略规划。

2013年9月和10月，习近平总书记分别提出建设“新丝绸之路经济带”和“21世纪海上丝绸之路”的合作倡议，受到国际社会的普遍关注。2014年，习近平总书记在河南视察时提出，实现中华民族伟大复兴的中国梦，需要中原更加出彩，并对中原地区的发展建设提出了新的要求和希望。2015年3月28日，国家发改委联合外交部、商务部共同发布《推动共建丝绸之路经济带和21世纪海上丝绸之路的愿景与行动》，提出要支持郑州等内陆城市建设航空港、国际陆港等，加强内陆口岸与沿海、沿边口岸通关合作。河南省将实现腾飞，中原地区将在实现中华民族伟大复兴的中国梦中更加出彩。

2.增强国家软实力，推动文化交流

一个地区的综合实力和发展潜力不仅体现在经济方面，还在很大程度受到该地区文化软实力的影响。河南地处中原地区，自古就是中华文明的发祥地之一，有着丰厚的文化底蕴和优秀文化内涵，丰富的文化资源为该地区的社会发展提供了有力助推。中原伦理在推动对外交流中，具有以下优势：

一是具有强大的凝聚力。文化凝聚力是能够把不同的族群紧密聚集起来的强大力量，是软实力最重要的组成部分。中原地区是中华民族的根系所在地。以中原农耕文明为核心的文化样式构成了中国文化五千年延续的核心，这也是中华文明与其他文明之本质区别。近年来，中原地区的根亲文化优势已经逐步凸显，河南成为众多海外华人和国内人士的寻根问祖之地，这也体现出中华文化强大的凝聚力。

二是巨大的认同价值。文化吸引力体现为价值观念、文化产品、传播体系等对人的吸引。中原文化是中华文化的重要组成部分。中原文化中的部分思想内核，如“和合”“大同”“礼义廉耻”“仁爱忠信”等，已经成为中华文化的重要组成部分。从宏观方面看，这些价值观符合目前社会发展的现状，和平共处、和谐发展的诉求越来越能得到广泛认同，剧烈的冲突和战争只能给各民族带来灾难，阻碍国家发展，破坏生态环境。从微观方面看，“礼义廉耻”“仁爱忠信”虽然是中国文字表述，但是其精神内核却能够得到世界上许多国家的普遍认同，无论对哪一个国家的人而言，在人际交往、经济活动中这都不失为一种具有积极作用的价值观。

中原伦理的优势是中原文化对外传播的核心动力，优秀的文化基因使其具有天然的吸引力，能够吸引世界去了解、理解和接受它，在此情况下，其将更有利于中国更加成功地屹立在世界民族之林，走向中华民族的伟大复兴。

二、中原伦理对外传播的主要内容

在几千年的历史文化长河中，中原伦理以其强大的生命力不断塑造着历代中原人的精神和品格。中原伦理蕴含的生活哲学和所推崇的精神境界，不仅丰富了中华民族的精神内涵，塑造了中华民族的基本文化形态和性格，也为当今世界提供了十分宝贵的精神财富。

（一）道德主义

道德主义、仁爱思想与和平精神是中原伦理的显著特色。中原伦理在起源阶段就带有浓厚的人文关怀，强调道德对于社会维系和个人价值实现的重要性。在人际关系方面，中原伦理崇尚“己所不欲，勿施于人”（《论语·颜渊》）的忠恕之道。从周公旦提出的“敬德保民”到孔子以孝悌为“仁之本”，提出“志士仁人，无求生以害仁，有杀身以成仁”（《论语·卫灵公》），这些思想中无不具有强烈的道德精神。孟子进一步发展了孔子的“仁”，他认为每个人都存在着道德本心，即“不忍人之心”。而对于统治者而言，则必须施“仁政”。他提出，“老吾老，以及人之老；幼吾幼，以及人之幼。天下可运于掌”（《孟子·梁惠王上》）。他认为把尊老爱幼的道德心理、原则，推己及人到全体社会成员身上，治理天下就能够得心应手。可见孟子心目中的理想社会，就是道德理性的社会，是以道德精神为支柱的。中国社会以伦理道德在日常生活中约束人们的行为。因此中国既没有以宗教精神来维系社会，也没有形成与西方相似的近代法学世界观。中原伦理具有强大的凝聚力，是维系社会秩序的精神支柱，是强大的道德力量。其较为注重个人品德的完善和人与人的和谐相处，寻求精神的满足与内心的安宁。这种文化品格体现出中原人民对物质利益的淡然和对道义名誉的重视。

以道德主义构建的社会，必然是重和谐抑争斗、重情义轻利益的社会。在21世纪，和平与发展虽然成为时代主题，但战争对人类和平与安全仍然构成重大威胁。中国儒家文化中包含的成熟的道德体系恰好为世界各国的共存提供了有益的思想资源，具体来说，就是“仁”与“礼”的思想。“仁”与“礼”的思想强调推己及人的成人之美，规范着人的外在行为，调节人与人的关系，使人与人之间能够和谐相处。此外，孔子提倡“和而不同”，他认为以“和为贵”而行“忠恕之道”的君子应该能够做到在不同中求和谐，而小人往往会强迫别人接受他的主张而不能与其他人和谐相处，这对于解决不同文化背景下国家的纷争具有很强的启发意义。孔子的这套仁学理论虽然不能解决当今人类社会存在的全部问题，但它作为一种建立在以仁为本之上的律己的道德要求，作为调节不同文化之间关系的一条准则，能够促使不同文化得以和谐相处，具有一定的现实意义。

（二）兼容并蓄

中原伦理具有兼容并蓄、海纳百川的特点，包含自强不息、厚德载物的优良传统。

中华文明之所以能够绵延几千年没有消失，至今仍保持着强大生命力，很大一个原因在于其具有极强的包容性与融合力。一部浩浩荡荡的中华文明史，也是一部绚丽多彩的文化交流史。中原地区产生的辉煌文化，从形成的早期就与东亚和东南亚各国甚至许多西方国家保持着密切的互动。在文化的传入和传出过程中，中华文明不断吐故纳新，善于将各族文化甚至域外优秀文化成果为我所用，在向其他国家和地区传播优秀文化的同时，也不断进行着自我更新和充实。这种对外来文化勇于吸收、对本土文化充满自信的恢弘气度，逐渐内化为中原人民朴实宽容的品格与海纳百川的气魄，成为中原人民的优良传统，也形成了兼容并蓄的中原伦理道德。

经过夏、商、周三代的更迭与融合，华夏文明初现曙光。到了春秋战国时期，诸侯争霸虽然使得中原大乱，却也极大地推动了民族融合与文化交流。诸子百家竞相争鸣，构筑了中国古代思想体系的基本框架。秦汉之时，黄河与长江流域实现了空前的大统一，儒家思想的统治地位确立，汉文化得到了空前发展，并不断向周边地区辐射，对周边地区文化发展产生了深远影响。西汉王朝开辟了丝绸之路，这大大促进了汉王朝与西域的交往。到魏晋南北朝时，匈奴、羯、氐、羌、鲜卑各族大规模进入中原地区，战争和民族大迁徙使不同民族和不同地域的文化相互碰撞。到了隋唐，中国封建社会进入了鼎盛时期，朝鲜半岛、东南亚、中亚诸国都与唐朝通交，唐朝政府也不断向外派出使节，对外交流更加频繁。到了宋元时期，随着海上丝绸之路的发展，中国与海外的贸易进一步发展，中国的瓷器成为流向欧洲的大宗货物。此时，民族大融合的高潮又一次出现，契丹、党项、女真和蒙古族迁入中原，不同民族的文化经过最初的碰撞冲突之后，互相协调适应，这推动了统一的多民族国家不断发展繁荣。

明清时期到近代以来，中华文化渐趋保守和封闭，现代西方文化猛烈地冲击着儒家文化的统治地位，“中西之争”延续上百年。随着马克思主义传入中国，其逐渐发展成为中国的主流文化。可以说，近代以来的一百多年，中国文化在社会的剧烈变革过程中经历了又一次大的转型，中华文化以海纳百川、兼容并蓄的姿态，与时俱进，不断适应并推动着社会的发展。

由此可见，中华文化的开放性与多元性是与生俱来的。“一带一路”倡议的提出和备受欢迎也对其进行了印证。在中原伦理对外传播的过程中，将这种兼容并蓄的风格发扬光大，有助于中国传统文化、中原伦理被理解与接受，能够为中华民族的复兴奠定思想基础，为世界文化保持多样性贡献新的力量。

（三）天下情怀

中原伦理中的“天下情怀”思想源远流长。孔子曾说：“四海之内，皆兄弟也。”（《论语·颜渊》）中国的“天下情怀”思想于夏商时期起源，经过不断的传承与创新，在西周时期，建立起了基本的内容框架，经过春秋战国时期诸子百家的发展不断成熟。在天下思想的影响之下，中华文化充满了理想主义色彩，即“天下一家，德被四海”。这种精神恰好体现了中华文化重德行、轻利益的理想主义情怀。

中国文化的理想主义还体现在对“大同”社会的构想中。《礼记·礼运》中所说：“大道之行也，天下为公，选贤与能，讲信修睦。”所谓大同是以大道通行、天下为公为特征的社会，是一种无上下等级之分，众人都能自觉遵守道德要求的理想社会。大同社会虽然只是一种美好的理想，但是它体现出来的以人为本和道德主义与后现代社会中的理想追求颇有相似之处，与共产主义社会的图景也十分契合。中国要建设和谐社会，并为构建和谐世界作贡献，可以从中国古代传统文化中的社会理想中吸取积极有益的成分。和谐作为一种理念，体现为人与自然的和谐、人与人的和谐、人自我身心的和谐等。

由上可见，中原伦理道德中具有诸多优良品质，这些宝贵的思想资源不仅滋润着几千年的中国社会，也为当今及将来的人类社会提供了许多有价值的理念图景。在中国和平发展的进程中，中原伦理所蕴含的智慧为国家发展提供了取之不尽、用之不竭的思想资源。我们对外传播这些思想，对于树立中原地区的良好形象、推动中原地区经济发展、树立民族文化自信、增强我国综合国力都必然大有裨益。

三、中原伦理对外传播的实施路径

中原伦理作为中国文化的重要组成部分，在中国文化中有着非常重要的地位。中原文化对外传播是加快建设中原经济区，提升中原文化软实力的需要，也是加强与世界优秀文化交流的重要手段，更是提升中国综合实力、实现中华民族伟大复兴的需要。

（一）中原伦理对外传播的现状

近年来，中原地区不断加快推进文化“走出去”，加强与“一带一路”沿线国家的人文交流。

中原文化“走出去”具备各种有利条件，相关机构和团体也不断采取多种措施大力弘扬中原文化，促进中原文化走出国门、走向世界。比如，中原出版传媒集团2012年、2013年先后在澳大利亚的悉尼和德国的柏林挂牌成立中原文化海外发展中心悉尼分中心和柏林分中心，2016年在吉尔吉斯斯坦筹建“中原文化海外发展中亚分中心”，以多元化的方式不断助推中原文化“走出去”。2015年8月12日，河南航空港卫视传媒有限公司成立，成为中原文化海外传播、人文交流合作、经贸往来和“互联网+融媒体”综合服务平台，其以市场化运作的方式推动中华文化和中原文化走出去，其也是河南省推进“一带一路”国家战略的重要的海外传播融媒体平台。2016年河南影视集团设立的“中国非洲电影频道”在毛里求斯入网落地，成为面向世界宣传河南的新窗口、中原文化“走出去”的新舞台。2016年10月，河南省杂技集团在加拿大举行上市启动仪式，迈出了濮阳市文化产业“走出去”的国际步伐，增强了中原文化的知名度和影响力①。2018年8月，“‘一带一路’中原陶瓷文化艺术交流展”开幕式在莫斯科中国文化中心中共六大会址常设展览馆举行，展品涵盖钧瓷、汝瓷、三彩、釉下彩、绞胎等瓷器艺术门类，其中既有曾作为国家礼品的原型艺术品，也有仿制中国古代宫廷的陈设品；既有传统的经典器型，也有抽象的现代器型。这些展品基本代表了当代中国河南省陶瓷艺术的发展水平，展览期间还举办了“‘一带一路’中原陶瓷文化艺术交流高峰论坛”，交流展将展览与文化交流结合在一起，有利于陶瓷文化的全面传播。

① 参见刘杨、李莎莎：《“一带一路”背景下中原文化“走出去”策略体系建构研究》，《中州大学学报》，2019年第1期，第74—75页。

（二）中原伦理对外传播面临的问题与困难

“一带一路”倡议是我国构建全方位对外开放新格局的重大战略，是我国与沿线国家进行经贸交流、产业与资本合作的重要平台。目前河南省的“走出去”基本以单纯的经贸交流、产业合作为主，文化的交流面临着情感疏离和价值观冲突的挑战。这是因为我国与“一带一路”沿线国家在意识形态、政治制度、发展模式等方面存在显著不同，加之沿途区域四大宗教交汇，宗教矛盾复杂，也造成文化交流的障碍。想要推进中原伦理“走出去”，我们首先应该认清中原伦理对外传播面临的问题与困难，之后再试图寻找合适的实施途径。

中原伦理对外传播面临的问题与困难主要有以下三个方面：一是中原伦理对外传播缺乏相应载体。伦理是文化最深层次的内容，属于精神文化和哲学文化层次。精神文化包括艺术、科学、宗教、风俗等，哲学文化则表现为价值观念与意识。

当前中原地区对外交流主要是以衣、食、住、行等货物贸易为主，与“一带一路”沿线国家的精神文化交流活动较少，而这些物质产品承载的中原伦理元素较少，加之对文化产品的包装和推介力度不够，造成品牌知名度低，中原伦理影响力较小。要想使中原伦理走出国门、走向世界，就要打造出蕴含丰富中原伦理精神的区域文化品牌，进而以产品为载体对外传播中原伦理。

二是中原伦理对外传播渠道较少。目前来看，中原伦理“走出去”的传播渠道仍然以传统的官方渠道为主，传播模式和形式较为单一，以报纸、广播、电视等为代表的传统媒体渠道仍是其主要宣传途径，一些具有广泛传播效果的传播渠道和手段尚未被充分利用。虽然成立了诸如河南航空港卫视传媒有限公司之类的电视机构，但是其对于传播中原伦理发挥的效用仍相对较小。我国在中原伦理“走出去”传播渠道的拓展和传播方式的创新上仍有很长的路要走。随着新媒体技术的发展，受众多样化，河南省内主流的传统媒体之间、传统媒体与新媒体之间，要形成行之有效、相互耦合的矩阵化传播渠道，尽可能利用好国外社交媒体平台，以多元化的方式使中原文化更好更快地“走出去”。

三是中原伦理对外传播保障机制不健全。在中原伦理“走出去”的过程中，尽管国家和地方各级政府已经出台了一系列的政策措施，但是，这些措施中原创性政策相对较少，借鉴性政策相对较多，从而导致包括中原伦理理念在内的中原文化在传播过程中较为被动，传播效果也不理想。中原伦理尚未建立健全以政府为主导、民间交流为主体、市场机制为杠杆、文化交流与文化贸易相结合的运作机制，保护中原伦理传播主体利益的相关体系也尚未完善，这也给中原伦理的对外传播造成了极大阻碍。

（三）中原伦理对外传播的路径

中原伦理要想“走出去”，特别是向“一带一路”沿线国家和地区“走出去”，需要在顶层设计到具体实践等各个层面建立健全的体制机制，为中原伦理全面、深入、可持续地对外传播提供坚实保障。中原伦理内涵丰富，这决定了其在对外传播中有较大可选择的空间。

1.大力发展文化产业，为中原伦理“走出去”寻找丰富的文化载体

第一，影视文化产业是中原伦理的对外传播的最佳文化载体。我们应选择蕴含“道德主义、兼容并蓄、天下思想”等优秀中原伦理精神的历史故事、人物传记、神话传说等叙事文本，将其转化成为电影、电视剧、动漫作品，并作为文化产品输出到世界各地，特别是借助国家政策的便利，将其传播到“一带一路”沿线不同的国家和地区。同时，我们还可以把“一带一路”沿线国家和地区的文化精品力作，如优秀的图书、影视产品引进来，这样能够促进双方文化互学互鉴，增强文化互信和情感交流。

第二，有效整合各类文化资源，打造精品特色文化品牌，加大多种文化产品和服务的对外输出力度。例如，我们可以以一些驰名中外的文化旅游景区，如龙门石窟、少林寺、清明上河园等，各类国内闻名的村镇，如民权画虎村、杞县书法村、朱仙镇版画村等，各类具有中原特色的文化景观、标志性建筑、标志性元素等，作为产品包装图案，生产带有中原文化元素的中国商品，使其进入世界各地，使国外民众对中原地区和中原文化形成初步印象，为吸引他们走进中原地区，欣赏中原特色文化奠定基础。

2.完善保障机制，为中原伦理对外传播提供有力支持

第一，河南省各级人民政府应不断完善文化政策并确保政策的落实，这是中原伦理向“一带一路”沿线国家和地区“走出去”的基础与关键。政策的完善和落实可以不断吸引资金、人才、技术等向文化领域集结，从而形成文化领域蓬勃发展的态势，有效促进中原伦理的传播。

第二，逐步建立和完善以政府组织和宣传为主、以民间团体宣传为辅的文化传播体制机制，鼓励设立与中原伦理相关的推广基金会，以夯实中原伦理推广的资金基础，促进文化交流项目的具体落实。各级人民政府应加强对中原伦理传播的资金投入力度，发展具有地方特色的文化产业品牌，加快文化产业发展，努力发展新媒体和新的文化业态，打造一批河南地区专属的文化产业品牌，在中原伦理的传播和发展过程中，逐渐形成品牌效应，并使其成为中原地区的新名片。同时，要加强对文化系统的资金投入力度，政府要鼓励并大力支持各类民间组织投资中原伦理的传播发展事业，积极主动为民营资本和文化团体搭建文化交流与传播平台，号召经济实力较强的企业以多元化方式参与中原伦理的传播过程，为参与中原伦理传播发展的工作者提供相对应的激励和保障制度等。如2018年9月，“一带一路”中原文化海外行活动举办启动仪式，海外行首站选择在马来西亚吉隆坡，通过“非遗中原”非物质文化遗产展、“魅力中原”唯美河南印象展、“溯根中原”姓氏根亲文化展、“功夫中原”武术文化表演四大板块，充分展示了中原文化的魅力。以“功夫中原”为例，虽然高难度的武术技艺最能吸引眼球，但功夫背后的强身健体养生理念、阴阳平衡的道家理念、保家卫国的爱国情操都更加容易在对外传播中被接受。有了“走出去”的第一步，包含在中原文化中的伦理观念也有了被接受、吸收的可能。

第三，政府要积极适应新的传播技术，大力培养一批掌握新媒体技术的专业技术人员，使其能灵活运用互联网平台，积极传播中原文化，此外，对中原文化感兴趣的民众还可以通过网络平台将自己了解或知道的中原文化介绍给“一带一路”沿线国家和地区的网民，进一步扩大中原文化的传播广度，真正构建起全方位的中原文化网络传播体系。

总之，要加强政府、民间文化组织和企业等多元传播主体之间的协调配合。政府要做好顶层设计和引导，设计科学的文化传播路径；民间文化组织要积极组织企业参与对外文化交流，为中原文化传播做好服务工作；企业要在大力开发文化产品的基础上，利用官方传播渠道，大力推介具有个性化特色的文化产品，进而形成政府、民间文化组织和企业相互配合、相互支持的文化传播格局。

第五章　中原伦理创新发展的社会建构意义

中华民族在长期实践中培育和形成了独特的思想理念和道德规范，包含崇仁爱、重民本、守诚信、讲辩证、尚和合、求大同等，还包含自强不息、敬业乐群、扶正扬善、扶危济困、见义勇为、孝老爱亲等传统美德。中华优秀传统文化中很多思想观念，不论过去还是现在，都永葆其生命力。中原伦理的优秀品质作为中华优秀传统文化的重要组成部分，在时代发展过程中能够起到引领时代的巨大作用，今天我们重新发掘中原伦理的优秀品质为社会主义建设服务，具有很强的现实意义。

第一节　中原伦理与社会发展的关系

人类社会之所以能够有条不紊地向前发展，其中一个重要原因是伦理道德能在人们的生活中起规范和约束作用。中原地区作为中华文明的发源地，滋养了厚重的中原文化，作为中原文化精髓的中原伦理，在促进社会发展方面可谓功不可没。即便在今天，其在促进社会发展方面依然具有重要的现实意义。对中原伦理起“固本”与“塑型”的伦理文化有四种，分别是：道家、儒家、法家、佛教。本章也即从这四种文化着手来探讨中原伦理对当今社会发展的作用。

一、道家伦理与社会发展的关系

道家伦理文化根植于中原大地，产生年代久远。伴随着中原的崛起与发展，道家伦理文化在长期的发展过程中获得了更加丰富的内涵，特别是在处理人与人、人与自然、人与社会关系方面有着深邃的思想和独特的见解，对促进社会进步和和谐发展起到重要作用。

（一）道家伦理有助于人自身的健康发展

个体在发展过程中存在诸多需求，不同需求之间可能产生冲突或背离，从而导致人的自我内在纠结和矛盾。道家伦理非常重视人的自身发展和自我修行，尊重生命个体，提倡少私寡欲，主张在辩证之中尽力达到人自身的和谐，促进人的健康发展。

老子提出："难得之货，令人行妨；是以圣人为腹不为目，故去彼取此。"（《道德经》第十二章）这一观点对当今处于高度发展的社会中的人们更加具有现实的意义。在当今这个高速发展、瞬息万变的社会，人们对于物质生活的要求极高，在各种利益面前，人们可能会过多地将外在财富的获得当作成功的标准，从而导致对自身内在的忽略，忘却了自身生活的意义和价值。这会导致一系列社会问题的产生，如道德滑坡、信任危机等。道家伦理提醒人们既要追求物质生活水平的提升，又要关注内在修养，不为外物所累。其在规劝人们不要过度追求外在物质生活满足的同时，还提倡节俭、朴素，反对攀比和铺张浪费，目的是帮助人们从物质的羁绊中解脱出来。古语有言"俭以养德"（《诫子书》），勤俭节约是中华民族的传统美德，满足自身需求而又不奢侈，正是这一优良品质的体现。道家伦理启迪我们不应该过分关注外在的物质利益，而应当更加注重提升自身内在的修养和品格，增加自身的生命价值，扩展生命的广度，实现自我外在与内在的和谐统一。

（二）道家伦理有助于人与自然的和谐发展

2020年新冠肺炎疫情肆虐全球，人类在饱尝其害的同时也不得不再次审视人与自然的关系。

“人本身是自然界的产物，是在自己所处的环境中并且和这个环境一起发展起来的。”[①]随着科学技术的发展，人类改造自然的能力越来越强。面对没有顾及自然规律的人类活动，大自然总会以各种不同的方式向人类的过度干预作出回击和反抗。“不要过分陶醉于我们人类对自然界的胜利。对于每一次这样的胜利，自然界都对我们进行报复。”[②]最终人类会因自身的作为受到大自然的惩罚。近年来出现的大气污染加剧、全球气候变暖、植被数量减少、个别动物灭绝等，无不是人类违背自然规律的后果。

针对人与自然的关系，道家伦理在产生之初就有所关注。老子说：“故道大、天大、地大、人亦大。域中有四大，而人居其一焉。”（《道德经》第二十五章）在此，老子将天、地、人并列举出，清晰地指出在四域之中人仅“居其一”，与其他三者无主次之分。他明确提出天、地、人三者共生相通、和谐发展的生态伦理观念，认为自然同样有其自身发展的客观规律，人类不能一味地违背自然发展规律，按照自己的意志去随意地改变和征服自然，而应在尊重自然规律的前提下，利用自然为人类社会服务，达到人类与自然和谐相处、共生发展的结果。老子还认为，“知足不辱，知止不殆”（《道德经》第四十四章），即人类在改造自然的过程中，不能肆意妄为、毫无顾忌，要充分考虑到自然与人类相互依存的重要性和自然本身的规律性。即使在利益的驱使下，也要懂得自制，不能牺牲自然的平衡换取个人利益。人类与自然只有和睦相处才能保持天、地、人的和谐发展。庄子提出：“天地与我并生，而万物与我为一”（《庄子·齐物论》），即万物与“我”是共同存在的，万物与“我”是合而为一的，万事万物处于有机统一之中。这一观点充分意识到只有具备整体宇宙观，抛弃人类中

①《马克思恩格斯选集》（第三卷），北京：人民出版社，2012年版，第410页。

②《马克思恩格斯选集》（第三卷），北京：人民出版社，2012年版，第998页。

心观，才能促进人与自然的和谐统一与共生发展。

（三）道家伦理有助于人与社会的和谐发展

人是社会中的人，社会是由个人构成的，处在社会中的每个人都与他人有着千丝万缕的联系。“人类生而聚集，是为生物本能，亦为社会属性。人群共同体于是成为一种基本的社会构成方式和组织结构。”[①]道家伦理以其博大精深的思想为我们友好和谐地处理人与社会的关系提供了可践行的范式。

道家伦理提倡“上善若水”（《道德经》第八章），“不敢为天下先”（《道德经》第六十七章），主张在与他人进行交往的过程中，我们要能甘居人下，收敛自身的锋芒，以柔弱示人，用宽阔的心胸包容他人，善待他人，和善地与别人交往，就像水一样。水是最柔软的东西，处能居下，但是水却可以攻破万物，成为功能最强大者。在现代社会中，人的自我意识觉醒，被压抑的个性得到张扬，一定程度上造成人际关系的紧张和冷漠。中原道家伦理倡导的“上善若水”的处事方略可以有效调节这种淡漠的社会关系。中原道家伦理文化对构建健康和谐的社会关系起到促进和引领作用，特别是老子提出包容性极强的“善者吾善之，不善者吾亦善之”（《道德经》第四十九章）的观点更能普惠社会众生。善者以其高尚的道德修养影响不善者，使其向善而行，在全社会形成一种良性发展模式，促进个人与社会的和谐发展。

二、儒家伦理与社会发展的关系

中华文化博大精深，源远流长，在众多的流派中儒家伦理文化对中国社会发展的影响最为深远。梁启超曾言：“中华民族之所以存在，因为中

① 彭兆荣：《共同体叙事：在真实与想像之间——兼说京族的故事》，《百色学院学报》，2015年第3期，第78页。

国文化存在。而中国文化，离不了儒家。”[①]作为各朝各代统治者治国思想重要组成部分的儒家伦理文化，在社会发展中“成为一种社会取向和价值认同，具有广泛的社会和民众基础”[②]。今天，儒家伦理文化中的优秀思想仍能为切实解决现实生活中出现的道德滑坡、信仰危机、价值观缺失、人际矛盾加剧等问题提供有效方略。

（一）儒家伦理有助于修身自省理想人格的培养

历代的仁人志士都把中原儒家伦理倡导的修身自省理想人格当成实现自身理想和价值的重要途径和手段。因此，他们都非常重视自身的内在修为，认为其是人自身全面发展的第一步。

儒家伦理不论是在产生之初还是在发展演变的过程中都非常重视个人内在品格的修养。儒家伦理认为修身是安身立命之根本，是人成为“君子”的必备条件。人非生而有道德差别，关键在于后天习得。不论哪个年代，个人道德的修养都不仅关乎个人的发展，也关乎整个社会的发展，个人道德修养在一定程度上反映了社会文明的程度。当今我国在与西方国家加强交流、加深合作和不同文化思想相聚产生碰撞的过程中，儒家伦理所蕴含的道德规范受到一定的质疑和否定。为纯净社会风气，制止道德乱象，在法律规范之外，重拾儒家伦理文化中的修己、养身道德学说对于个人提高自身道德素养起着至关重要的作用。

关于如何提升个人的道德素养，在儒家看来，首先要“见贤思齐焉，见不贤而内自省也”（《论语·里仁》）。意思是说，想要成为一个贤能的人，首先要做到见到有贤能、贤德者要努力地向他学习；见到不贤之人，能够通过他的过错反省自身，以人为镜，有则改之，无则加勉。其次要“吾日三省吾身”（《论语·学而》），意思是在没有别人监督时也应做到每日反省自己，用内省、慎独的修身方法时刻提醒自己，严于律己，培养个人道德的自律性和主动性。克己也就成了社会生活中最重要的德性。最

① 梁启超:《儒家哲学》,长沙:岳麓书社,2010年版,第8页。

② 陈治桃:《儒家文化与当代和谐社会建构》,《广州社会主义学院学报》,2010年第2期,第48页。

后，要“躬自厚而薄责于人”（《论语·卫灵公》），即遇事要自我反省，勇于剖析自己的缺点，承担自己应承担的责任和找出欠缺之处，而不是过多地寻找外在的原因，苛责别人。国家发展，对外交流日益广泛，社会发展程度提高更要求我们每个人要提升道德素养，以便我国在由文化大国向文化强国转变的过程中以谦谦君子形象屹立于世界民族之林，在国际大潮中彰显大国底蕴与大国风范。

（二）儒家伦理有助于家庭有序状态的形成

儒家伦理在社会发展变迁的过程中，曾被统治者作为统治人民的重要工具，这也使得儒家伦理文化在特定时期成为众矢之的，笔者在此探讨的儒家伦理特指传统儒家伦理在经历时代变迁后与当今时代相融通的部分。

儒家伦理倡导“仁”“和”的观点。孔子提出“仁者爱人”（《论语·颜渊》），即友爱地对待其他人。“和”反映出来的首先就是“家和万事兴”。家是国最小的单位，国是家的集合。国家的和谐，要从家庭的和睦开始；社会的有序，要从家庭的长幼有序开始。中原儒家在两千多年前就意识到了这点。《大学》曾有言“身修而后家齐，家齐而后国治，国治而后天下平”，就说明了这一道理。

近年来由于我国对外交往更加频繁，家庭伦理受到多元文化的冲击，传统的伦理关系被打破，新的伦理关系却未能成功衍生，家庭伦理结构陷入除旧尚未更新成功的转型时期。在这一阶段，家庭关系方面出现了许多的问题。

在当代社会中，随着传统生产生活方式的改变，社会的进步，人的自我意识的觉醒，自由、平等观念深入人心，传统家长至上的观念受到彻底否定，家长垄断制终结。取而代之的是，小家庭单位的崛起，老人养老方式的改变，孝道传统受到前所未有的挑战。面对这些挑战，“作为先秦儒家基于对人性本质的理解构建的尊老敬老的家庭伦理，是不能否定、也不可能否定掉的，即便是社会经济已经发展到较高水平的当代社会，也有其存在的价值”[①]。同时，法律的强制约束也必不可少。但在法律的强制约束之外，我们每个人更应该发自内心尊敬老人、孝敬父母，实践孝道传统。孝是家族中心主义的灵魂和基本命题。孝是非对称性。这也就是说，尽孝永远是下一辈向上一辈仰视的事。儒家伦理一直倡导子女对父母必须恭敬与孝顺。孝是孔子“仁”“和”思想的有机组成部分，其认为仁爱之心从爱父母始。孟子在此基础上将仁爱之心推及社会中没有血缘之人，提出“老吾老以及人之老，幼吾幼以及人之幼”（《孟子·梁惠王上》）的观点，进一步将孝悌爱人的范围扩至全社会。孝是源发于人内心的一种道德情感，贯穿于人的整个生命进程之中，影响着人的行为。培养子女的孝悌观念，子女孝敬父母才能形成尊老爱幼、长幼有序的和谐家庭状态，家庭成员形成孝悌观念是家庭和睦的前提，家庭和睦是社会和谐的基础。

想要形成有序的家庭伦理关系，除了要做到尊老，还应做到爱幼。现今社会就每个家庭而言，孩子数量的减少，家庭生活水平的提高，父母工作的繁忙，陪伴子女时间的减少，孩子竞争压力的增大……无不造成孩子成为家庭关注的焦点和中心。与传统重群体、轻个体的家庭相比，现在的家庭结构中长辈对于幼辈的关注可谓空前集中。“在父慈方面，我国当代社会普遍存在重养轻教、重智轻德的倾向。”[②]很多孩子在物质丰富的家庭中长大，但是在为人处世方面却存在很大欠缺，对长辈缺乏起码的尊重和恭敬。儒家伦理认为“养不教，父之过”，这就要求父母要尽到对孩子进行伦理道德教化的责任和义务，同时还要求父母要为孩子做出表率和榜样。家庭伦理教育对一个人的一生影响最为深刻，父母孝敬长辈的过程，也是子女学习的过程，在学习父母的过程中子女能学会尽孝，这样才能把优良的孝道传统世代传承下去，建立和谐的家庭伦理关系，在全社会形成老有所依、老有所养的道德风尚。“德育为本，既是时代的要求，也是家

① 吕红平：《先秦儒家家庭伦理及其当代价值》，河北大学博士学位论文，第160页。

② 吕红平：《先秦儒家家庭伦理及其当代价值》，河北大学博士学位论文，第156页。

庭教育的普遍规律，古今皆然。”[①]这也是目前我国应对老龄化，解决养老问题的一个重要突破口，更是构建有序家庭状态的手段和方式。

（三）儒家伦理有助于礼法社会的建构

中国自古以来就有礼仪之邦的美誉，“礼”在我国社会发展过程中具有重要作用。“礼”在社会生活的方方面面和对不同的人都起到了重要的规范作用。儒家伦理十分重视“礼”的作用，倡导的“礼”在很多情况下是由风俗演变而来，后经过大家的认同，得到普遍遵循和普及推广。制约人们行为规范的“礼”，使民间的各异行为趋于有序化、规范化，最终使人们达到共同的心理认同，进而对人的行为起到约束作用，成为全社会共同遵守的道德规范。随着礼俗制度的不断建立，社会有序向前发展。

当今社会法律法规虽然相对健全，但在社会生活中依然需要一定伦理礼俗的制约和指导。法律法规对人的约束主要体现在外在方面，其通过对人身自由的约束、财物等的惩罚迫使人们遵循某种规则。法律法规的实施需要大量人力、物力、财力的投入，会消耗大量的社会资源，且其难以规制社会生活的每一方面。“礼”则不同，“礼”来源于生活，是人们根据生活的实践总结出来的道德规范，规范着人们生活的方方面面，且有着广泛的群众基础和心理认同。相较法律法规，儒家伦理中的“礼”有着天然的优越性。所以，当今我国在建设社会主义文化强国的同时，也应该从传统文化中吸取“礼”的精华成分，为社会主义建设服务。

在人们能够自觉遵守儒家伦理礼俗的前提下，借鉴荀子“礼”的观念能促使社会更加健康地向前发展。荀子延续了孔孟的“礼治”主张，但较孔孟有了一定的变革和发展。他认为“礼”“义”是社会良性治理的开始，强调“礼”在国家治理中的重要作用。同时他积极吸收法家的思想，肯定“法”在国家治理中的作用。他还主张把“礼”和“法”结合起来，这弥补了儒家重“礼”轻“法”、法家重“法”轻“礼”的缺点，两者互相补

① 吴捷:《我国传统家庭教育的价值取向及现实意义》,《徐州教育学院学报》,2006年第1期,第86页。

充，相得益彰。在荀子看来，礼在某种情况下与礼法等同，“礼”“法”的目的都是用规范制约人们的行为，减少违规、违礼的行为，达到社会和谐有序。只有坚持“礼”“法”并举，“礼”“法”并重，才能让人们在外在和内在的双重约束下，更加自觉地遵循礼法制度和规章，从而实现社会和谐。

三、法家伦理与社会发展的关系

在中原传统伦理文化之中，法家伦理文化可谓独树一帜。法家思想代表人物韩非、李斯等人十分重视“法”在国家社会建设中的重要作用。今天在我国建设社会主义法治国家之际重新对法家伦理思想进行梳理和反思，对我国的法治建设实践仍然具有十分重要的借鉴意义。

（一）法家伦理为依法治国提供了理论渊源

要建设社会主义法治国家，首先要做到有法可依，也就是必须要有完善的法律法规。在制定法律的过程中，相关部门应该遵循相应的宗旨。法家伦理思想在立法方面的一些原则在一定意义上具有超越时代的永恒意义，在今天仍然值得我们借鉴和学习。

新中国成立之后，随着宪法等法律法规的出台，我国进入了法治时代，形成了中国特色社会主义法律体系。事物总是在不断变化发展的，我们必须认识到法律体系的形成也是一个不断发展、变化的动态的过程。随着社会的发展，我们会遇到新情况新问题，这就要求立法必须不断进行改进。法家伦理强调立法要因时而变，要合乎时代发展变化的要求，结合时代发展过程中出现的新趋势和新情况进行不断完善，这样的法律才能永葆生命力。今天各项法律修正案的出台，正是国家结合新出现的情况制定合乎时代的法律规范的体现。这样我们才能做到有法可依，这是依法治国的前提条件。

法律法规要适时改进和完善并不是说可以朝令夕改，其要能够在适应国家发展需要的前提下保持一定时期的稳定性。这样既便于人民对法律的了解和把握，也便于一定时期内执法的同一性，达到社会的公平与公正。法家对法的稳定性也相当重视。“饬令，则法不迁；法平，则吏无奸。法已定矣，不以善言售法”（《韩非子·饬令》），从正面论述了法的稳定性在国家社会中的重要作用。“号令已出又易之，礼义已行又止之，度量已制又迁之，刑法已错又移至。如是，则庆赏虽重，民不劝也，杀戮虽繁，民不畏也。故曰上无固植，下有疑心，国无常经，民力必竭，数也”（《管子·法法》），则从反面论述了朝令夕改对国家的危害。在今天这个法治时代，我们更应当保持法的稳定，形成人人知法、懂法、用法的局面，这样才有利于国家的稳定、社会的和谐。

为保持法的稳定性，相关部门要谨慎立法。我国是人民民主专政的社会主义国家，在立法的过程中应充分体现人民的利益，兼顾社会各个方面，多方研究，严格立法章程，推进法律的制定。

针对当今社会屡禁不止的违法乱象，法家伦理提出的“轻罪重罚”为我们制定法律提供了思路。法家重视重罚在国家中的作用，提出“轻罪重罚”的思想。“重罚者盗贼也，而悼惧者良民也”（《韩非子·六反》），对犯罪者施以重罚是为了让良民对刑法存在“悼惧”之心，从内心敬畏法律。法家主张重刑，一直被许多人认为是惨无人道的，这其实是对法家伦理思想的误解。法家只是希望在重罚的过程中达到以儆效尤的效果，通过对犯罪者的严厉惩戒，使人民在内心权衡违法与守法的利害关系，进而规避违法行为，趋利避害的思想让法律更具约束力和威慑力，达到“止邪”“去奸”的目的，最终实现“去刑”。法家伦理的这种思想在今天依然具有现实意义。

（二）法家伦理为依法办事提供了行为准则

完善的法律条文必须得以实施才能在社会中产生作用。法律法规的有效实施是维持社会和谐稳定的必不可少的一环，也是最后一道屏障。如果执法不严，即使再完备的法律法规亦是形同虚设，因此我们要重视法律法规的实施。在这点上，法家伦理为我们提供了准则。

与儒家伦理所倡导的礼治不同，法家伦理倡导建设法治国家，主张依法治国。在法治的过程中，法家坚持“法不阿贵”（《韩非子·有度》），“刑无等级”（《商君书·赏刑》），强调法律的平等、公正，反对“刑不上大夫”的特权，坚持“天子犯法与庶民同罪”的法律评判标准。商鞅的“刑无等级”的思想是其法治思想中最为宝贵的部分。法律面前人人平等的观点，在今天我国建设社会主义法治国家的过程中，依然具有很强的现实意义。

中国自古以来就是以农业为主的国家，由于土地的不可移动性，以农业为主的人民必须长久地居住于某地，“‘生于斯、死于斯’把人和地的因缘固定了”①。长期如此，就形成了稳固的人际关系，世代如此我国也就形成了以血缘、地缘为主的社会关系，人与人之间是熟识、知根知底的，人们之间的关系是亲密的，会形成血浓于水的情感，所以中国社会在一定程度上也被称为“人情社会”。又由于中国社会几千年来对“礼”的倡导和强调，中国社会中的人情色彩更加浓重。“人情社会”虽然在一定程度上有利于形成融洽的人际关系，对社会的良性发展有一定的作用，但对于“法律面前人人平等”这一原则的维系往往是弊大于利的，因为人情在一定程度上影响法律的公平。这就要求执法人员要有一定的职业素养，摒弃人情观念，依法办事，维护法律的尊严，让法律对所有人产生束缚，不能凌驾于法律之上搞特权。只有“法律面前人人平等”的原则得到很好的贯彻，才能保证法律实施的公平、公正，这是建设社会主义法治国家的必要条件。

四、佛教伦理与社会发展的关系

佛教伦理历史悠久，在推动人类进步的过程中，具有重要的价值。今天重新发掘佛教伦理的价值，对解决人类面临的诸多问题具有深刻的启示

① 费孝通：《乡土中国》，成都：天地出版社，2020年版，第114页。

意义。尽管道家伦理和佛教伦理都在致力于建立自我和谐、人与自然的和谐、社会人际关系的和谐，但二者强调的重点并不相同。佛教伦理在社会发展过程中具有以下作用。

（一）佛教伦理有助于推动自我内在的统一

道家、儒家与佛教都在积极推动自我的内在发展，但其侧重点并不相同。道家对自我内在的关注主要是在遵从“道”的前提下，主张淡泊名利、少私寡欲，以此达到精神自由的境地，促进自我内在逍遥人格的实现。儒家则主张自我内在的提升要以“仁、义、礼、智、信”为理论基础和行为规范，要通过“慎独”“三省吾身”等方法不断完善自我，从而升达为“君子”的至高境界，将外在束缚转化为自在自律，达到外在与内在的和谐统一。佛教伦理则强调人自身的心性修行，认为心性修行是众生心性升华的必经道路，认为人们通过心性修行能达到对自我的认识，体悟自我的本心和本性，达到现实社会中自我身心的解脱，继而由心性修行达到自我的和谐。

随着社会经济的发展和物质生活水平的极大提高，人类在外界社会获得成就的同时越来越陷入迷茫和困惑之中。价值的多元、信仰的缺失、自由的泛滥无不体现着人类内在的贫困。舍勒曾指出：“研究人的各种特殊科学与日俱增，层出不穷，但是无论这些科学如何有价值，它们却掩去了人的本质，而不是去照亮它。……在历史上没有任何一个时代像当前这样，人对于自身这样地困惑不解。”[①]人对自身的困惑不解让人类无所适从，无法调适自我，在迷茫的沼泽越陷越深。佛教伦理为解决困扰人类的这一问题提供了解脱的方法，为困惑的现代人走出困惑提供了建议和参考。佛教提倡“修心”“戒心”。面对人性的三大弱项——贪、嗔、痴，佛教提倡不贪、不嗔、不痴，主张人们用佛法化解自身弱点，攻克自我弱项，达到自我的和解。这可以使人们加强自身内心的修养，提升自身的道德涵养，保持内心清净，进而实现自我精神上的超越，达到身心的统一，推动人自身

① 马克斯·舍勒：《人在宇宙中的地位》，李伯杰译，贵阳：贵州人民出版社，2000年版，第2页。

的和谐发展。

中原佛教伦理还强调因果报应，生死轮回。人们对因果报应、轮回观的敬畏，更能从其道德意识层面规范其行为，改善人们的不良心态，实现道德的救赎功能。

（二）佛教伦理有助于推动人际关系的和谐

佛教在发展过程中非常注重社会中人际关系的处理。佛教传入中国之后形成的处理人际关系的一些原则在今天仍然值得人们遵守和践行。

佛教伦理在做人方面主张诚信待人。"出家人不打诳语"作为其行事教条，就是主张人们要诚实守信，践行自身的承诺。诚信在今天的社会中亦是人们做人行事的重要准则。在当今社会中，人们不仅把诚信作为基本的处事原则，还通过各种方式对个人征信进行记录，如果征信出现问题，在一些社会事务的办理中将会受到极大的限制，这也就从法律法规的层面让人们更加重视诚信。失信之人会受到社会的唾弃，更会因失信丧失各种机遇。在此情况下，人们就会在生活中尽力避免失信行为的出现。道德的约束、社会的制约，会促进整个社会形成良好的诚信氛围。诚信是社会良性发展的基础，更是构建和谐社会的有力助推器。

佛教伦理还包含"慈悲为怀"，即通过自身对外界的无限宽容与慈悲，最后达到成仙成佛的目的。尽管佛教的这一思想具有宗教迷信的意味，但其在客观上有利于人际关系的友善、社会的和谐，在今天这个时代是值得批判继承的。自由主义精神的广泛传播使个性人格得以彰显，这容易导致社会人际关系的紧张和破裂。佛教伦理中包含的"慈悲为怀"可以在一定程度上引导人们思考他人感受，用慈悲之心对待周遭的人和事物，与他人达成共情感受，进而理解别人，适当为别人考虑，用慈善之心共建美好社会。

（三）佛教伦理有助于推动人与自然的平等

佛教伦理认为众生皆有佛性，这里的众生不仅包括人类自身，还包括其他世间万物，也认为世间万物都有生存的权利，万物都有其存在的合理性和独特意义。中原佛教伦理还认为大千世界的万事万物都不是孤立存在的，任何事物和其他事物之间都是唇齿相依的共生关系。因此在面对自然界时，佛教坚持众生平等的观点，承认自然是客观存在的，认为人类在改造自然的过程中，不能随心所欲地对自然施加影响，而应当呵护自然，爱护自然环境和自然界的动物。佛教伦理所倡导的守护自然体现了对世间万物的尊重，也体现了对善行的倡导。佛教伦理最大限度地体现对众生的尊重，体现对众生平等观点的坚持。当今社会虽然平等观念深入人心，但这一平等仅限于人类自身的平等。佛教提出的众生平等是一种更加宏阔、彻底的平等观，这种理念具有极其重要的进步意义。

在坚持众生平等的基础上，佛教伦理又衍生出尊重生命、反对杀生的信条。中原佛教伦理认为，人与自然界的动物都是平等的，人没有权利剥夺其他动物的生命。佛教中把杀生列为戒律之首，认为“诸罪当中，杀罪最重，诸功德之中，不杀第一”（《大智度论》第十三卷）。佛教还提出杀生者死后将坠入畜生道、地狱道、饿鬼道三恶道，即使来世托生世间也会多灾多难、短命。其用世道轮回以及缘起说敬告民众，使民众对杀生产生敬畏之心，从而积极向善。佛教所提倡的放生、素食，善待一切生灵的信条对民众的行为能起到一定的约束作用，客观上促进了人与自然和谐共生。

佛教关乎自然的生态伦理看到了人与自然的相依相存，看到人与自然在宇宙中都有各自位置，这其实是对人类中心论的否定，也体现了人与自然关系的理想状态，既体现了和谐的观点，也体现了对生命和自然的尊重，在当今社会，佛教伦理在推动人与自然和谐相处的过程中仍然具有较大的作用。

第二节　中原伦理与社会主义核心价值观

在经济全球化不断深化和国际竞争日渐激烈的当下，世界各国的意识形态都受到不同程度的冲击，原有的意识形态格局不断被打破，人们的思想观念、价值追求等各方面呈现多元趋势与特征。在各种思想文化不断交融交锋的形势下，为了国家的稳定与发展，各国必须确立本国主流的价值体系和核心观念，进而倡导社会认同并付诸实践，坚守本国的文化高地。在不可阻挡的世界大形势面前，当前我国深入挖掘中华优秀传统文化，从中国传统伦理文化中寻找精神资源，提出了社会主义核心价值观。社会主义核心价值观，充分体现了对中华优秀传统文化的传承和发展。中华优秀传统文化是中华民族的精神命脉，是涵养社会主义核心价值观的重要源泉，也是我们在世界文化激荡中站稳脚跟的坚实根基。

一、社会主义核心价值观的相关概念

（一）价值与价值观

马克思认为，价值是在“人们对待满足他们需要的外界物的关系中产生的”[①]。从这句话中我们可以明确价值取决于改造世界的主体人对客体外界物的评价，并且客体应具备能够满足主体需要的某种特征或属性。客体具有的这种特征或属性被称为价值。

现实生活中人们总是会对客观事物作出一定的价值判断。这种价值判断受限于人的生活阅历、知识水平、对外界物的认知程度，以及社会结构的变化等。人的价值判断虽然并非都完全正确或合理的，却体现了人们的主观意识。人们习惯上把对事物的价值认识称作价值观念。学者李德顺认

①《马克思恩格斯全集》(第十九卷)，北京：人民出版社，1963年版，第406页。

为："价值观念，简称价值观，是人们心目中关于一切价值的信念、信仰、理想和标准的总称。"[①]这里的价值观念即我们惯常提到的价值观，这种将价值观念等同于价值观的定义得到了学界的广泛认可。不过有些学者对这一定义也持不同的看法，他们认为价值观念不能等同于价值观。价值观念是对外界事物笼统的判断，时常会根据条件的变化发生改变；价值观则是更高层次的价值观念，其相对价值观念来说更稳定、成熟、系统，是一个人价值观念的核心，具有一定时期的稳定性，同时价值观也是在价值观念提炼整合的基础上形成的，并能在形成之后指导人们的实践，人们可以根据价值观对相应的外界事物作出评价和判断，价值观具有一定的导向功能。学者张兴国、史娜指出价值观念与价值观实质上是一般与特殊、抽象与具体的关系[②]。这应该是对价值观念与价值观更为恰切的理解。笔者也赞同这种观点。

（二）核心价值观

任何一个国家和社会都不可能只存在一种价值观，而是多元价值观同时存在，并行发展，共同构成相对稳定的价值观体系，体现一定的价值取向与价值追求。在价值观体系中，占据主导地位和决定作用的价值观叫核心价值观。核心价值观对其他价值观进行统领，并对其他价值观起到引导作用，核心价值观能够"引领一个社会各种不同的价值取向、价值追求、价值尺度和价值原则沿着一定的方向发展"[③]，其他价值观受核心价值观的影响。同时核心价值观反映一个国家基本的价值理念，体现一个国家的文化精神，反映人们的精神追求，具有广阔的社会基础。它是"构成社会共同体的思想基础，是整个社会系统得以运转、社会秩序得以维持的基本

① 李德顺：《谈谈当前的价值观念变革》，《学习与研究》，1993年第8期，第6页。

② 参见张兴国、史娜：《当代中国社会转型与价值观嬗变》，北京：中国社会科学出版社，2012年版，第5页。

③ 戴木才：《论社会主义核心价值观与核心价值体系的辩证关系——中国特色社会主义核心价值观探索之一》，《南昌航空大学学报》（社会科学版），2011年第2期，第6—7页。

精神依托和文化规范力量”[①]，因而核心价值观相对其他价值观而言更加稳定、持久。

核心价值观一般具有以下特征：第一，统领性。核心价值观是一个国家价值体系中居于主导地位的价值观，在国家的价值体系中起到支配作用。其他价值观凝聚在核心价值观的周围，受核心价值观的影响，核心价值观对其他价值观起到协调、整合与引导的作用，甚至当其他价值观与核心价值观发生冲突时，非核心价值观会依据核心价值观作出相应的调整和改变。第二，稳定性。核心价值观是一个国家价值体系的最核心部分，彰显了大多数人的价值追求，获得了大多数人的认同并成为他们自觉的价值取向，具有广泛的社会基础。在社会性质稳定不变的前提下，社会主体的根本利益也相对稳定，一般在一定时期内不会发生变化，在此情况下，核心价值观也不会发生根本的改变，故而具有一定时期内的稳定性特征。

（三）社会主义核心价值观

社会主义核心价值观是我国在坚持社会主义道路的基础上，理论联系实际，总结出的符合我国社会主义初级阶段实际的核心价值观，对全体国人的思想起到引导和统领作用。

社会主义核心价值观的形成并不是一蹴而就的，而是经历了相当长的时间。2006年10月，党的十六届六中全会第一次明确提出了“建设社会主义核心价值体系”的重大命题和战略任务，即要牢牢把握社会主义先进文化的前进方向，倡导和谐理念，培育和谐精神，进一步形成全社会共同的理想信念和道德规范，打牢全党全国各族人民团结奋斗的思想道德基础。2007年10月，党的十七大进一步明确“社会主义核心价值体系是社会主义意识形态的本质体现”[②]。2011年10月，党的十七届六中全会提出坚持中国特色社会主义文化发展道路，建设社会主义文化强国，要以建设社会主

① 韩震：《民主、公正、和谐体现了社会主义的核心价值追求——兼论社会主义核心价值观的凝练及其原则》，《红旗文稿》，2012年第6期，第8页。

②《十七大以来重要文献选编》（上），北京：中央文献出版社，2009年版，第26页。

义核心价值体系为根本任务。2012年党的十八大指出把社会主义核心价值体系定位为兴国之魂，指出要用社会主义核心价值体系引领社会思潮，同时明确提出"倡导富强、民主、文明、和谐，倡导自由、平等、公正、法治，倡导爱国、敬业、诚信、友善，积极培育和践行社会主义核心价值观"[①]。"三倡导"的社会主义核心价值观正式形成，简明扼要的二十四个字分别从国家、社会、个人的层面提出了价值目标。社会主义核心价值观被认为是社会主义核心价值体系的内核与精华。为落实十八大报告的精神，2013年12月中共中央办公厅印发《关于培育和践行社会主义核心价值观的意见》，认为以"富强、民主、文明、和谐，自由、平等、公正、法治，爱国、敬业、诚信、友善"为内容的社会主义核心价值观"与中国特色社会主义发展要求相契合，与中华优秀传统文化和人类文明优秀成果相承接，是我们党凝聚全党全社会价值共识作出的重要论断"[②]。同时更明确地提出"富强、民主、文明、和谐是国家层面的价值目标，自由、平等、公正、法治是社会层面的价值取向，爱国、敬业、诚信、友善是公民个人层面的价值准则"[③]，为国家、社会、个人践行社会主义核心价值观提供了基本的遵循。社会主义核心价值观在国家、社会、个人层面的目标更加明确，有利于社会主义核心价值观的积极培育与践行。2017年10月，习近平总书记在十九大报告中指出："社会主义核心价值观是当代中国精神的集中体现，凝结着全体人民共同的价值追求。要以培养担当民族复兴大任的时代新人为着眼点，强化教育引导、实践养成、制度保障，发挥社会主义核心价值观对国民教育、精神文明创建、精神文化产品创作生产传播的引领作用，把社会主义核心价值观融入社会发展各方面，转化为人们的情感认同和行为习惯。坚持全民行动、干部带头，从家庭做起，从娃娃抓起。深入挖掘中华优秀传统文化蕴含的思想观念、人文精神、道德规

①《十八大以来重要文献选编》(上)，北京：中央文献出版社，2014年版，第25页。

②《中共中央办公厅印发〈关于培育和践行社会主义核心价值观的意见〉》，《人民日报》，2013年12月24日，第1版。

③《中共中央办公厅印发〈关于培育和践行社会主义核心价值观的意见〉》，《人民日报》，2013年12月24日，第1版。

范，结合时代要求继承创新，让中华文化展现出永久魅力和时代风采。”[①]总书记在报告中更加明确了社会主义核心价值观在国家中的地位，并在社会主义核心价值观日益深入人心，逐渐融入人民生活的过程中，提出了更高的要求，即要让践行社会主义核心价值观成为人民生活的习惯，要让社会主义核心价值观切实进入人民的内心深处，在人民的一言一行中熠熠生辉，发扬光大中华文化。2018年3月，第十三届全国人民代表大会第一次会议通过了《中华人民共和国宪法修正案》，把“国家倡导社会主义核心价值观，提倡爱祖国、爱人民、爱劳动、爱科学、爱社会主义的公德”写进宪法，以宪法的形式确立了社会主义核心价值观在国家中的重要地位。

二、社会主义核心价值观对中原伦理的继承

中原伦理以精深的思想洞察自然、社会和人类自身，形成关于人与人、人与社会、人与自然生存关系的思想和规范，这些思想和规范“不论过去还是现在，都有其永不褪色的价值”[②]。中国共产党运用发展的眼光看待中原伦理在社会发展中的巨大作用，提出“深入挖掘中华优秀传统文化蕴含的思想观念、人文精神、道德规范，结合时代要求继承创新，让中华文化展现出永久魅力和时代风采”[③]。新时代中国共产党倡导的社会主义核心价值观就彰显出对中原伦理的承继。我们要用中原优秀伦理文化为社会主义服务，在践行社会主义核心价值观时吸收借鉴中原伦理的精华部分并将其发扬光大，展现大国风采和文化强国魅力。

（一）社会主义核心价值观在国家层面对中原伦理的继承

“富强、民主、文明、和谐”是社会主义核心价值观在国家层面的价值

① 习近平：《决胜全面建成小康社会　夺取新时代中国特色社会主义伟大胜利——在中国共产党第十九次全国代表大会上的报告》，北京：人民出版社，2017年版，第42页。

② 习近平：《在文艺工作座谈会上的讲话》，北京：人民出版社，2015年版，第26页。

③ 习近平：《决胜全面建成小康社会　夺取新时代中国特色社会主义伟大胜利——在中国共产党第十九次全国代表大会上的报告》，北京：人民出版社，2017年版，第42页。

目标，其分别从经济、政治、文化、社会的角度提出了社会主义建设的目标追求，这四个方面都有深厚的中原伦理渊源，下面笔者分别论述。

1. “富强”价值目标对中原伦理中富国思想的继承

管子最早突出强调“富强”一词，他认为对于国家来说富强指的是国富兵强。富强是对国家经济状态的一种描述，包括两层含义，一层含义代表国家经济的富足，另一层含义显示人民生活的富裕。富强能够为人们的生活提供良好的物质保障和经济基础。在封建社会生产力低下的情况下，历朝历代更是把富强作为不懈的追求。孔子就提出“庶”“富”“教”，认为国家发展应当有充足的劳动力，人丁兴旺才能大力发展生产，解决人们的物质生活问题，达到人民的富裕、国家的富足。在“庶”“富”的基础上才能对人们进行有效的教化，“仓廪实则知礼节，衣食足而知荣辱”（《管子・牧民》），故而人们把这一思想称为“富而后教”。在今天看来，孔子的这种观点与马斯洛需要层次理论相契合。孟子继承孔子“富而后教”的思想，并在此基础上提出国家道德教化和社会文明的前提是百姓“衣食足”“有恒产”，主张统治者施行“仁政”，统治者施行“仁政”的目标之一就是要使人们富裕。为了使百姓富裕，孟子主张给予民众固定的财产，同时轻徭薄赋，减轻民众的负担，达到藏富于民的目的。儒家伦理的富强思想是希望统治者施行“仁政”，通过统治者的各项惠民政策，达到百姓生活的富裕，进而进行礼义廉耻等的教化，如此国富便是水到渠成的事情了。先富民后富国也正契合了儒家伦理文化一贯主张。

与儒家先富民后富国思想不同的是法家伦理中的富强思想，法家伦理思想比儒家伦理思想更注重富强对国家的重要性。法家认为国家治理的好坏与国家是否富强有很大的关系。一个治理有序的国家必然是富强的，灾祸战乱不断的国家必然是贫困的，所以法家把国富兵强放在国家战略发展的第一位。“国富者兵强，兵强者战胜，战胜者地广”（《管子・治国》）。在管子看来，国家富强才能拥有强大的兵力，拥有强大的兵力才能在战争中获取更多的胜利，战争的不断胜利又可以扩充领土，获得更多的财富，进而更易充实国家的财力，国家更加富强，如此循环往复。另外法家认为国家富强，统治者才能令百姓更加臣服，才能树立威信与威严，使百姓不敢对其冒犯，达到稳定政局的目的。总之不管是对外战争还是对内统治，法家都非常重视富国强兵，认为只有国富兵强才能为国家进一步发展提供良好的环境，百姓才有可能安居乐业。

虽然儒家和法家治国理念不同，强国富民方式不同，但相同的是二者都看到了国富民强对国家政局稳定和国家发展的巨大推动力。富国强兵这一思想在后世的发展中也不断得到人们的认可，所以中国共产党从成立之初就把国家富强和人民富裕作为自己的奋斗目标，提出贫穷不是社会主义，社会主义就是要让人民更加富裕，国家更加富强，因此把富强作为社会主义核心价值观内容之一是有着深厚的历史底蕴的。

2.“民主”价值目标对中原伦理民本思想的继承

“民主”一词最早由古希腊人提出，他们把民主看作“大多数人的统治”或“人民的统治”，宣告人民是国家的主人。恩格斯也说：“一切人，作为人来说，都有某些共同点，在这些共同点所及的范围内，他们是平等的，这样的观念自然是非常古老的。”①尽管如此，中国两千多年的封建社会中却未曾产生真正的民主，虽然真正的民主未曾实现，但以民为本的思想却长期存在，并在一定时期内对社会发展产生了积极的影响。

儒家认为人天生不平等，所以有阶级差别，针对阶级差别，儒家又提出一系列伦理纲常，旨在让人民服从等级次序安排；但是儒家也看到了人民的巨大力量，为了缓解阶级矛盾，维护封建统治，他们提出了民本的思想。“民为贵，社稷次之，君为轻”（《孟子·尽心下》），意思是天子虽然最为尊贵，但是也只有依靠人民的支持才能彰显尊贵的身份，失去民心，尊贵则无从谈起。孟子清楚地认识到人民是国家的基础，统治者只有得到民心才能得到天下。这一观念也被大多数统治者所认可，因此，古代大多数统治者会在文人士大夫的出谋划策下实施一些安民措施以安抚民众，使民众为其统治服务，进而达到国家长治久安的目的。

在儒家看来，为了更好地安抚人民，赢得民心，统治者要做到以下三

①《马克思恩格斯全集》(第二十六卷)，北京：人民出版社，2014年版，第109页。

个方面：第一，勤政爱民，用礼治代替残酷的法治，实施“仁政”，用道德的力量感化人民；第二，实施惠民、富民政策，轻徭薄税；第三，在思想上教化人民，用圣人之言教导人民，使其安于现状，服从天命，遵守伦理纲常，进而稳固社会等级秩序。

在民本思想的指导下统治者虽然实施了一些有利于人民的政策，促进了国家的发展，但是我们也不能因此把古代的民本思想等同于今天的民主思想。封建社会中的民本思想是自上而下的政治统治政策，是为封建王朝的统治服务的，并不是人民政治上的自觉行为，在民本政策实施的过程中，人民也只是被动地接受统治者推行的各种惠民政策。尽管我们不能把中原伦理蕴含的民本思想等同于民主思想，但也不能认为中原伦理中的民本思想一无是处。在当时的社会中，民本思想的推行确实在一定程度上惠及了民众，有着一定的先进性。另外，中国封建社会的民本思想也为近代知识分子接受西方民主思想提供了思想基础，加快了民主思想在我国的生根发芽。随着现代社会的不断发展，民主已经成为人民的自觉追求和理想。中国共产党代表人民的利益，始终坚持人民当家作主。中原伦理中的“以民为本”的思想逐步升华为现代制度意义上的“人民当家作主”。

3.“文明”价值目标对中原伦理文明思想的继承

《易经》中言：“见龙在田，天下文明”，其中“文明”的含义是光明，后来逐渐演变为人类发明创造的财富总和，包括物质财富和精神财富。中原自古以来就是中华文明的发源地，代表中原文化精髓的中原伦理在中华文明中也具有重要地位。中原伦理蕴含着丰富的哲思与哲理，彰显着人类文明的智慧。

在处理人与自然的关系方面，儒家首先提出“天人合一”的观点，反对把人与自然对立起来，主张把人与自然看作不可分割的整体，人类在发展的过程中要顾及自然的存在，不能以破坏自然为代价谋取人类自身发展，不然终究会自取灭亡。我们在改造自然的过程中要注意必须把人类和自然统一起来。佛教提出“众生平等”的观点，这里的众生不仅包括各阶层不同身份的人，还包括自然界的万物，人类和自然共同构成一个整体。

我们在改造自然的过程中不能认为自己是世界的主宰，而应将人类与自然置于平等的位置。道家伦理提出“道法自然”的思想，就是主张在改造自然时遵循自然界固有的规律，在认识规律的前提下改造自然，达到人与自然的和谐发展。中原各家伦理从不同角度对自然进行关注，这些思想今天同样值得我们学习和借鉴。

在处理人与人的关系方面，虽然中原伦理中很多关于处理人与人关系的思想都是为维护统治阶级的统治服务的，但是它们也有着一定的先进性，并延绵千年成为中华民族的传统美德。儒家主张礼仪治国，教化人民，并提出一系列道德伦理规范让人民去遵守。如在治国方面，孔子倡导“仁”，其核心就是“仁者爱人”，对统治者来说就是施行仁政，用道德礼仪规范去教化人民，用道德的感化力量去促进国家的和谐。统治者本身是国家中身份最尊贵的人，作为统治者必须要有仁人之心，并要遵从一定的儒家伦理，这样才能成为民众学习的典范和榜样，进而形成良好的社会氛围。在家庭方面，儒家伦理提倡恪守孝悌之道，主张人们在家族之中要做到父慈子孝、兄友弟恭。由此社会中形成浓厚的家族亲情，这有利于社会的稳定。将家族亲情扩及社会就衍生出了“老吾老以及人之老，幼吾幼以及人之幼”（《孟子·梁惠王上》）的宽广仁爱。佛教也提倡慈悲的情怀，认为人行走世间，要常怀感恩之心、慈悲之情，用大爱之心去对待周围的人和事，进而缓解众多的社会摩擦和矛盾。

在对待自身方面，儒家提倡君子慎独，由此形成向内探求的主体性道德精神，集中体现为以律己修身为特征的道德修养学说。中原儒家还强调人的自律、自我的修行和自我的超越，这一套发自内心的修身方法更能发挥人的自觉性和主动性，造就更多品格高尚和节操坚定的君子，形成良好的社会风尚，从而维护人伦关系和社会秩序。

4.“和谐”价值目标对中原伦理和谐思想的继承

和谐是中国传统文化孜孜不倦的追求，也是中原伦理思想的核心，儒家、道家、佛教思想中都有对和谐思想的阐释，这一共识反映了人民对美好生活的向往和追求。中原伦理追求的和谐主要体现在自我的和谐、人际关系的和谐、生态和谐等方面。

中原伦理非常注重自我身心的和谐发展。“注重修身在中国传统伦理思想中居于重要的地位，且是中国传统伦理思想中最具特色的部分。”①中原伦理中包含的达到身心和谐的方法主要是“修己”。儒家认为“修己”是形成君子人格的必由之路。“修己”通过“慎独”“吾日三省吾身”（《论语·学而》）“见贤思齐焉，见不贤而自内省也”（《论语·里仁》）的方式来实现人格的飞升和身心的融洽。道家则主张通过少私寡欲达到自我的和谐状态。老子认为由于人性的贪婪，人们在各种诱惑面前容易丧失自我，造成内心的失衡，所以告诫人们要克制自身的欲望，主张少私寡欲，从内心深处消灭不合理的贪欲。道家还认为清净无为的生活方式可以让人更加自由自在，从而保持身心的和谐。佛教同样注重人自身的和谐。其认为人自身的和谐首先应当消除“贪”“嗔”“痴”三毒，做到无欲无求，内心平和，提升自我的精神境界。

在处理人际关系方面，中原伦理强调宽和的处事原则，主张构建和谐的人际关系。儒家主张“仁者爱人”“己所不欲勿施于人”（《论语·颜渊》），并以此作为人们的行事准则，希望构建“人和”的社会和人际关系。道家和谐人际关系的建立是以自我的和谐为基础的，道家认为人总是为物质名利所累，所以提出“少私寡欲”“见素抱朴”的思想。在此主张下，人们在达到自身和谐的同时，也消除了人与人之间摩擦的根源，实现了人与自我、与社会和谐的双重目标。佛教则倡导人与人之间要相互尊重，众生皆平等，认为人与人之间是彼此依赖的关系，同时强调因果报应，通过因果相报的理念扶正民众行事作风，消解人际矛盾，达到和谐的目的。

在自然生态和谐方面，中原伦理有一套先进的生态文明观。前面在“文明”价值目标对中原伦理文明观的传承中已作论述，在此不再赘述。

当今社会，人类面临的诱惑增多，人与人之间的联系日益紧密，人类改造自然的能力增强，人自身、人与人、人与自然的关系愈发复杂，面对

① 吴来苏、安云凤:《中国传统伦理思想评介》,北京:首都师范大学出版社,2002年版,第305页。

错综复杂的形势，借鉴中原伦理中的和谐思想能够更好地处理人自身、人与人、人与自然的关系。

（二）社会主义核心价值观在社会层面对中原伦理的继承

社会主义核心价值观在社会层面的价值取向体现了在公正、法治的社会环境下人们对自由、平等的追求，这是中原伦理一直倡导并期望实现的理想社会。当然，社会主义核心价值观在社会层面的价值取向并没有脱离历史，而是继承了中原伦理中理想社会的观点，并符合我国当下的新形势。

1.“自由”价值取向对中原伦理自由思想的继承

自由从来都是人类共同的追求目标。“‘自由’始终是中国传统文化的基本价值支撑，并在中华民族漫长的发展历程中成为自觉的精神追求”[①]，中原各家伦理都有关于自由的言说，如儒家提出的“为仁由己”，道家提出的“道法自然”，佛教提出的“见性成佛”，这些言论无不体现人们对自由的渴望与向往。虽然中西方都提倡自由，但二者的侧重点并不同。西方提倡的自由重点在政治方面，中原伦理强调的自由是心性自由，向往无拘无束的内心自由状态。针对中原伦理中的自由，冯契这样说：“道德理想体现于行为的当然之则（即规范），人们在行为中自愿地选择和自觉地遵循当然之则就是自由”[②]。

儒家代表人物孔子提出“七十而从心所欲，不逾矩”（《论语·为政》），意思是人到了七十岁可以随心所欲行事也可以不逾越规矩，这是一种不需要外在礼法约束就能实现天道合一的道德自由境界。这里蕴含着中原伦理对自由的向往，强调心的自由状态。当然其在主张自由的同时，也体现出儒家伦理对社会规则的尊重。这既是对礼法的遵从，又超越礼法的束缚。儒家伦理的自由是以遵从伦理法则为前提的，其他流派所倡导的

① 王蓉、渠彦超：《论作为社会主义核心价值观的自由》，《南京工程学院学报》（社会科学版），2018年第3期，第32页。

② 冯契：《中国近代哲学的革命进程》，上海：上海人民出版社，1989年版，第22页。

自由也都是以一定的规则为前提的。道家伦理的“道法自然”，在强调自由的同时强调必须以尊重“道”为基础，在尊重“道”的前提下才能通向人的无为状态，从而破解欲望对人的束缚，提升自己的精神境界，达到身与心的自由统一。佛教提出的“见性成佛”则强调在遵循本性的前提下才能达到成佛的目的。“本性”在佛教看来就是人慈悲、善良的本心。大乘佛教在慈悲之心的普度下，达到众生的精神自由，小乘佛教则通过自度达到个体自由的境界。从以上论述中我们可以看到，中原伦理的自由是建立在一定条件基础上的自由，是以尊重一定的法则为前提的。

社会主义核心价值观中的“自由”这一价值取向是为了促进人的自由全面发展。只是社会主义核心价值观中的“自由”这一价值取向所倡导的自由和中原伦理倡导的自由一样都是相对的自由，其前提都是要遵守相应的规则、规范。不管什么时代，自由都是隐含一定条件的自由，而这些条件恰是实现自由的前提，否则不仅无法实现自由，还会阻碍自由的实现。

2.“平等”价值取向对中原伦理平等思想的继承

平等思想在中原伦理思想体系中具有重要的意义，是中华文明的重要精神因素。

中原伦理中的平等思想由来已久并不断被传承发展。首先，在经济上中原伦理包含“均贫富”的思想，孔子言“有国有家者，不患寡而患不均，不患贫而患不安”（《论语·季氏》），这正是平等的体现。当然这一思想提出的目的并不是要消除封建社会的等级差距，而是采取中庸思想调和阶级矛盾的一种手段，可尽管如此，依然深入人心。最典型的就是太平天国运动对平等观念的继承，它颁布的《天朝田亩制度》提出按人口平分田地，试图建立“有田同耕，有饭同食，有衣同穿，有钱同使，无处不均匀，无人不保暖”的理想社会。道家伦理中包含有针对社会中贫富不均的现象希望通过“损有余而补不足”（《道德经》第七十七章）以达到人们在经济上的平等的思想。其次，在教育方面中原伦理又包含“有教无类”的思想。这一思想认为人人都有接受教育的权利，人人平等接受教育能够加深社会各阶层对知识的探知，促使知识能够跨级传播，使社会阶层流动与更新成为可能，培养更多的人才，促进社会的发展。佛教提出了“众生平等”的观念。佛教本身也承认在现实等级社会中实现众生的平等根本不可能，所以，它把前世、今生、来世构筑为一个整体，最终在三生三世中实现平等。虽然中原佛教伦理这一观点有一定的消极作用，但在等级社会中提出“众生平等”这一大胆的设想也是难能可贵的，它使平等理念深入人心。在法律方面，为了贯彻法的理念、保证法的顺利实施，法家提出“刑无等级”的主张。他们认为天子犯法与庶民同罪，抛弃了“刑不上大夫”的封建特权观念，主张法律面前君臣与庶民等同。这一思想使得法律面前人人平等的观念深入人心。今天我们依然倡导法律面前人人平等，这在某种程度上就是对中原法家伦理思想的继承。

上述中原伦理中所包含的平等观念虽然不能等同于社会主义核心价值观提出的平等观念，而且这些平等在封建社会也并未真正实现，但其作为一种持续存在与稳定的价值观，无疑为社会主义核心价值观的提出奠定了深厚的思想基础。

3.“公正”价值取向对中原伦理公正观点的继承

公正即公平正义。《荀子·正论》指出：“上端诚，则下愿悫矣；上公正，则下易直矣。”意思是说，君主端正诚实，臣子们就老实忠厚了；君主公平正义，臣子们就坦荡正直了。中原伦理蕴含丰富的公正思想，虽然这些思想相对分散，却仍为社会主义核心价值观之“公正”价值取向的提出提供了重要的思想来源，对中原伦理公正观点的吸收体现了中国共产党对中华优秀传统文化的继承与发扬。

中原伦理对公正的崇尚首先表现在政治上。儒家提出“天下为公”的理想。这里的“公”具有多重含义，包含公共、公平、公正的意蕴。天下是天下人的天下，国家是公共的国家，君主在治理国家时要把公共的利益放在首位。在立法和执法时要体现公平、公正的原则，这样才能保障国家法律的有效实施。执法人员要按照法律行事，自觉维护法律的公平公正，如果失去公允，将可能会使国家混乱不堪。法家同样看到了公正在治国安邦方面的重要作用，所以商鞅提出“公私之交，存亡之本也”（《商君书·修权》），认为统治者如果忽略公正，可能会出现动乱、覆国的灾难。可见，公正在国家治理中对稳定政局具有强大支撑作用。公正在阶级社会中成为仁人志士孜孜不倦的政治追求，同时也为中国共产党的执政提供了可借鉴的历史经验，为我们建设社会主义提供了不可或缺的营养。中国共产党将公正的政治理想与历史精神融为一体，在坚持为人民服务的宗旨下，提出了“立党为公、执政为民”的执政理念，实现了对中原伦理公正思想的继承与升华。

中原伦理对公正的倡导还体现在社会公正上。“社会公正是对所有社会成员不分贫富、贵贱、强弱、智愚一律机会均等，一视同仁，实现社会公平的思想。”[①]中原伦理在对公正思想的阐述中，淡化了阶级、贫富、贵贱等外在标识，将公正根植于平等的土壤，倡导人之为人的公平权利，彰显了进步的光辉。法家在等级特权社会提出“刑无等级”的主张，彰显了法律面前人人平等的思想。管子提出“君臣上下，贵贱皆从法”（《管子·任法》），认为法律的神圣不容任何人侵犯和践踏，每个人在法律面前都是平等的。法律的铁面无私正是公平正义的体现。这在当时的社会是超越时代、相当先进的思想。尽管由于中国古代社会是封建的等级社会，这些公正的思想并未能真正实现，但这些思想对封建特权大胆地提出了否定，将公正思想植根于民众的思想观念之中。社会主义核心价值观中的“公正”价值取向正是对中原伦理中公正思想的继承和发展。

4.“法治”价值取向对中原法家思想的继承

中国古代社会虽然以儒家倡导的“礼”治国，但中原伦理体系中同样包含法治的光辉，中原法治的思想同样有着悠久的历史，包含丰富的思想与智慧。这主要体现为中原法家思想。

法家的法治思想首先体现为对法的重视。“治民无常，唯治为法。法与时转则治，法与世宜则有功”（《韩非子·心度》），强调了法在国家治理中的强大作用，在法家看来，治理国家没有一成不变的法则，只有法治才是治国的法宝，其坚决反对“释法而任智”（《韩非子·饰邪》）的人治。

① 李振宏:《先秦时期“社会公正”思想探析》,《广东社会科学》,2005年第6期,第97页。

在这一理念的指导下，法家制定了很多为统治阶级服务的法律来规范和约束人们的行为。他们认为治理国家最重要的手段是依靠法律，而不是依靠道德教化让人们自觉接受道德的说服，进而规范自身的行为。强硬的法律比柔性的道德说教更具震慑力，更能让人们自觉地服从，达到治理社会的目的。法家提倡以法治国的思想在今天依然有着重要的意义。中原法家的法治思想为当代我国的法治建设提供了一定的借鉴。

法家不仅提出了以法治国的思想，还重视法治的推广实施。其认为制定法律而不用，等同于法律无存。制定完善的法律之后如何运用法律为国家服务则是法家重视的另一问题。法家思想的集大成者韩非子曾说过“用赏过者失民，用刑过者民不畏”（《韩非子·饰邪》），意思是说奖赏不当就会失去民心，用刑不当民众就不再畏惧。奖赏和惩罚是封建社会管理民众的两种常用手段，如果实施得当，则可以惩恶扬善；如果运用不当，则会引出不满，惹出祸端。奖罚并重，奖罚得体，才能产生最好的效果。因此在法律实施的过程中，施法者应奖罚有度、奖罚分明，保持法律法规在民众心目中的权威性和威慑力，维护法律的尊严。在法律实施的过程中，为保证法的威严，法家还提出“刑无等级”的观点，主张法律面前人人平等，这在一定程度上打击了封建特权阶层，将法治置于人治之上，这也是社会主义核心价值观中“法治”价值取向的最初思想来源。

法家尽管对法无比崇尚，但其尚法的目的却是去法。商鞅就曾提出用刑去刑。用刑就是为了在用刑的过程中让民众对刑罚敬畏，不敢在法律规定以外的地方行事，如若不然，便会受到法律的制裁。看到别人受到法律惩处，对未犯法之人也是一种警诫，可以促使他们反省自身，规范自己的行为，达到人人守法的局面，最终达到去刑的目的。惩罚不是法律的最终目的，教导民众自觉遵守法律规范，促进社会良性发展才是法家对法高度崇尚的原因。今天我国依法治国中的执法必严、违法必究的最终目的也是用国家强大的支撑维护法律的有效实施，捍卫法律的威严，让人民从心底敬畏法律，进而规矩自己的行为，减少违法行为，提高社会的文明程度。

（三）社会主义核心价值观在个人层面对中原伦理的继承

社会主义核心价值观在个人层面提出了爱国、敬业、诚信、友善的价值准则，体现了我国人民在当代应有的精神风貌，其与中原伦理一脉相承。

1.“爱国”价值准则对中原伦理爱国思想的继承

“爱国是人们对自己祖国的一种深厚感情，是人们对自己故土家园、民族和文化的归属感、认同感、尊严感和荣誉感的统一。”①爱国是中华民族的优良传统。爱国是中原伦理的重要组成部分，爱国的思想早已根植于中华民族的血液之中，成为中华民族代代相传的精神基因，爱国是每个公民应尽的义务和责任。

爱国不仅是个人内心的情感，更有着具体而明确的实践内容。维护祖国统一，反对国家分裂就是爱国的重要内容。儒家提出的“大一统”思想就是为了维护国家统一。为维护国家统一，孔子提出“克己复礼”，希望通过恢复周礼，以周礼为基准广施仁爱精神，达到国家有序，天下安定的宏愿。孟子继承孔子的“仁”“礼”思想，对于梁惠王提出的“天下恶乎定”这一问题，用“定于一”作答，这同样体现了孟子对一统天下局面的企盼。时至今日，维护祖国统一，反对民族分裂仍是爱国的重要内容。

在中国漫长的封建社会中，家国一体的建构使得爱国有了更为丰富的内涵。爱国与爱家紧密相连，爱国缩小之即为爱家，爱家扩大之即为爱国，所以，在封建社会中爱家也是爱国的重要体现。儒家伦理倡导在家庭伦理建构中，人人要守孝悌，这是把爱国的情感在家庭范围内的细化，其倡导人们在坚守孝道的同时要修行自身，培养浓厚的家国观念。“泛爱众，而亲仁”（《弟子规》），在爱人的过程中，扩及社会中的其他人，“老吾老以及人之老，幼吾幼以及人之幼”（《孟子·梁惠王上》），形成扩大化的爱家，就是爱国的表现。

① 李河水：《简论儒家文化对“爱国敬业诚信友善”价值观的涵育》，《学校党建与思想教育》，2016年第15期，第37页。

各个时代的爱国主义都在不断丰富和发展，形成一脉相承的共同价值观。社会主义核心价值观传承了中原伦理价值观中的爱国主义，使得爱国的情感具有更加坚实的民族根基。在继承前人爱国主义的过程中，我们有义务和责任把爱国主义发扬光大，真正的爱国不是短暂的情感，而是持之以恒的永久信念。为传承爱国主义，我们应在全国范围内持之以恒地开展爱国主义教育，把爱国主义精神更好地传承下去。

2.“敬业”价值准则对中原伦理敬业思想的继承

敬业指的是“人们在对职业的价值、意义与使命有高度认知基础上形成的一种对职业的憧憬、虔诚、敬畏，热爱、专心、积极主动、开拓创新、忠于职守、勤奋认真、锲而不舍、精益求精的心理和精神状态”[①]。儒家伦理在较长的时期内在社会发展中起着重要作用，所以中原儒家伦理中的敬业思想也成为社会主义核心价值观中“敬业”的重要思想来源。中原伦理中包含的敬业思想主要体现为以下三个方面。

第一，忠诚勤勉。为维护封建统治，儒家伦理特别重视对敬业精神的培养。忠诚勤勉成为儒家伦理中敬业精神的核心内容。忠诚指的是对从事的事业充满热爱、忠诚无私，对自己的服务对象真心真意。“忠者，中也，至公无私”（《忠经·天地神明》），强调的就是在事业方面要公正无私，竭尽全力为所坚持的事业服务，凡做一件事便忠于一件事，将全副精力集中到这事上头，这是一种内化于心的道德自觉，体现了儒家伦理在面对事业时的态度和职业操守。当今我们所提倡的“做一行爱一行”和儒家提倡的忠诚有着相似之处。勤勉指的是勤劳奋发，努力不懈怠，达到业务上的娴熟，做到熟能生巧，也即“业精于勤”，更好地为服务对象服务。“以勤事职，埋头实干”，“惟以求真的态度作踏实的工夫”[②]，忠诚勤勉的敬业思想激励人们精益求精、为事业殚精竭虑，推动社会向前发展。

第二，自强不息。自强不息反映的是个人在事业的追求上一以贯之的坚持不懈、努力拼搏、持之以恒的态度。儒家非常重视对这方面的倡导。

① 肖群忠：《敬业精神新论》，《燕山大学学报》（哲学社会科学版），2009年第2期，第28页。

②《李大钊全集》（第四卷），北京：人民出版社，2006年版，第443页。

"天行健，君子以自强不息"（《周易·乾卦》），"锲而不舍，金石可镂"（《荀子·劝学》），体现的就是自强不息的奋斗精神。自强不息是永不止息的进步过程，只要坚持努力奋进，终会守得云开见月明，到达胜利的彼岸。在自强不息不断争取胜利的艰难过程中，敬业主体必须有坚毅的精神和强大的内心。为了培养敬业主体坚毅的品格，儒家提出："故天将降大任于斯人也，必先苦其心志，劳其筋骨，饿其体肤，空乏其身，行拂乱其所为，所以动心忍性，增益其所不能"（《孟子·告子下》），以此培养敬业主体担当重任的能力。中原伦理的自强不息精神极大地提升了敬业主体的韧性，这对中华民族奋发图强、自力更生优良传统的形成产生了深远影响。

第三，无私奉献。无私奉献要求敬业主体能够为了国家、集体的利益舍弃自身的一切。中原伦理道德对无私奉献的精神极力倡导。儒家倡导以仁为业、博施济众的奉献精神，将"仁"与"敬业"联系起来，实际上是赋予职业道德崇高感，儒家认为人的生命只有与事业联系起来才有意义，人只有在忠于职业操守的过程中甘于奉献才能让自我价值最大化。在重视伦理道德的中国古代社会，敬业奉献精神成为人们的自觉追求，激励着一代又一代人为了民族、国家的利益舍生忘死、鞠躬尽瘁。无私奉献精神在人类历史上绽放着灿烂的光芒。

以忠诚勤勉、自强不息、无私奉献为主要内容的儒家敬业思想在历史的长河中形成一种文化脉络，成为绵延几千年的中华民族的职业美德。今天我们把敬业纳入社会主义核心价值观的范畴，更是看到了敬业的重要作用。

3."诚信"价值准则对中原伦理诚信思想的继承

中原伦理中包含的诚信思想是中华优秀传统文化的重要组成部分，具有丰富而积极的内容。"不忘历史才能开辟未来，善于继承才能善于创新。优秀传统文化是一个国家、一个民族传承和发展的根本，如果丢掉了，就割断了精神命脉。”[1]中国共产党注重从传统文化中汲取营养成分，因而，中原伦理中的诚信思想成为社会主义核心价值观之诚信的重要思想渊源。

诚信属于伦理学的范畴，从个人层面讲，诚信既是个人修身成人的基础，也是与人交往的基本准则。中原伦理把诚信看作做人的根基。在孔子看来“人而无信，不知其可也”（《论语·为政》），其意思是说，人倘若没有诚信，不知道他还能干什么。诚信是一个人发展的基础和根本。《荀子·修身》有言：“体恭敬而心忠信，术礼义而情爱人，横行天下，虽困四夷，人莫不贵。……端悫诚信，拘守而详，横行天下，虽困四夷，人莫不任”，意思是如果一个人品行端正而讲诚信，恪守法度又明察事理，行走四方，即使困于边远地区，人们还是会尊重他。相反，如果一个人邪恶又不诚信，轻贱又不善良，这样的人走遍天下，即使显贵四方，也没有人会信任他。荀子从正反两方面阐述了诚信对人的重要作用，认为诚信是对所有人基本的伦理要求，用诚信规约自己，以诚信为本，方能宽于世间。中原伦理中的诚信体现为人内在的一种精神追求，其主张靠自我约束力来实现自我诚信的建构，人人诚信，社会才能实现诚信。人人诚信是诚信社会形成的基础。

在受中原伦理涵养的同时，为了更好地树立国人的诚信意识，国家也从法律层面对个人不诚信行为作出惩罚，如在全社会建立个人征信制度，失信之人将会受到一定的限制。这是为建立诚信社会而实施的外在监督和制约机制。

4.“友善”价值准则对中原伦理友善思想的继承

友善待人是中原伦理的传统美德，中原伦理中包含着不少关于友善的思想。孔子提出的“仁爱”思想可谓是友善思想的最早体现。尽管儒家的爱人是有亲疏远近的层次分明之爱，但在将仁爱思想进一步扩大至整个社会中的一切人时，孔子又提出“泛爱众”的思想。这里的“泛爱众”就是要求人与人之间要互相关怀、相亲相爱。超越了亲疏远近、血缘关系的泛

---

① 习近平：《在纪念孔子诞辰2565周年国际学术研讨会暨国际儒学联合会第五届会员大会开幕会上的讲话》，北京：人民出版社，2014年版，第11页。

爱思想，有利于形成社会和谐共处的良好局面。孟子与孔子有着类似的观点。《孟子》中就有“与人为善”（《公孙丑上》），“老吾老以及人之老，幼吾幼以及人之幼”（《孟子·梁惠王上》）的思想。孟子将友善之心的范围拓展到血缘亲情之外，推己及人，扩及社会，主张构筑友爱和善的社会。“君子之于万物也，爱之而弗仁。于民也，仁之而弗亲。亲亲而仁民，仁民而爱物。”（《孟子·尽心上》）孟子将“爱人”思想扩及自然，并形成“爱自然”的思想，孟子的友善思想使友善有了更加丰富的含义。友善思想从处理人与人的关系扩展到了人与自然和谐相处上，体现了友善的全面性。《孟子·梁惠王上》中有：“不违农时，谷不可胜食也。数罟不入洿池，鱼鳖不可胜食也。斧斤以时入山林，材木不可胜用也。谷与鱼鳖不可胜食，材木不可胜用，是使民养生丧死无憾也。养生丧死无憾，王道之始也。”这里就是强调人类在改造自然的过程中要友善地对待自然，遵循自然界的规律，只有保护自然，才能保持自然界的丰厚产出。这既是爱护自然，也是为人类自身服务。这种天人合一的观念其实就是友善思想的体现。中原伦理之友善思想博大精深，包容性极强，为社会主义核心价值观之“友善”价值准则提供了很好的借鉴。我们要深入挖掘中原伦理中的友善思想，达到古为今用的目的，丰富友善的内涵，更好地为社会主义建设服务。

第三节　中原伦理与河南文化强省建设

河南古称“豫州”，素有“中原”“中州”之称，它是中华文明的重要发祥地，在这里肇兴的中原伦理是中华文化的重要组成部分，是中国传统文化的代表。在中国古代，河南地区有着光辉灿烂的文化资源，诸子百家争鸣于此，第一次民族大融合形成于此。五千多年的中华文明史，河南地区有三千多年居于文化中心地位。而今如何对得天独厚的中原伦理资源进行创造性转化和创新性发展，使河南重返文化强省行列，成为当前河南面临的一个重要现实问题。本节笔者试图从中原伦理着手探讨河南建设文化强省之路。

一、河南建设文化强省的优势

（一）丰厚的文化资源优势

河南地处中原，历史文化悠久，文化资源丰厚，有着建设文化强省的得天独厚的优势。徐光春在《中原文化与中原崛起》一文中将中原文化按特色分为史前文化、神龙文化、政治文化、圣贤文化、思想文化、名流文化、英雄文化、农耕文化、商业文化、科技文化、医学文化、汉字文化、诗文文化、宗教文化、戏曲文化、民俗文化、武术文化、姓氏文化18个方面，足可见河南文化资源种类繁多，总量丰富，博大精深。

河南是中华文明的发祥地。农耕文明发源于此，并由此出现了以黄河文明为代表的中原伦理。周公制礼于此，礼乐制度在此出现；孔子周游的列国大部分在河南境内，并在此将周礼发展成为儒家文化的精髓；儒家文化经过“罢黜百家，独尊儒术”等的推动成为中国封建社会的主导文化；道家文化的缔造者老子是土生土长的河南人，道家思想最早在河南产生，道家思想之根在河南；佛教进入中华大地始于东汉洛阳白马寺的建造；法家思想在这里实施、推行；中国第一次民族大融合在洛阳完成；在20世纪中国百项考古大发现中，河南有17项；全国八大古都河南省有其四，即郑州、安阳、开封、洛阳；“‘古都建筑遗址’成为华夏历史文明中内容最丰富、意义最重大的‘凝固历史’”[①]。此外，河南历史文化名城、出土文物、馆藏文物、重点保护文物单位数量均居全国前列；河南与姓氏文化的肇始与衍生有着密切关系，“万姓同根，万宗同源”的姓氏文化节掀起了全球华人寻根的热潮，很多华人纷纷到河南拜祖，成为河南独有的文化现象，以上说明河南文化具有根文化的性质。

---

① 本书编辑部：《用文化力量提速中原崛起——“华夏历史文明传承创新区”建设座谈会摘要》，《协商论坛》，2012年第2期，第7页。

有人说一部河南史，半部中国史，素以“中原”自称的河南蕴含着丰富的历史文化。河南具有的丰富文化资源，为河南的文化强省建设奠定了基础。

（二）九州之中的区位优势

河南自古以来因居于九州之中心，故而被称为“中州”，又因其区域之内平原较多，故又被称为“中原”。这里诞生了中国最早的农耕文明，自古以来就是兵家必争之地，所以出现了“逐鹿中原”“问鼎中原”等词汇，今天这些词汇依然体现着河南地理区位的重要性。

今天的河南依然占据良好的区位优势。河南地处中国之中，联结东部沿海地区与西部地区，是我国贯穿南北、横跨东西的交通枢纽。公路、铁路、航空交通线四通八达，成功连接河南与全国其他地区，以郑州为中心的4小时高铁圈、1.5小时航空圈覆盖全国主要经济区域，让河南省以大交通带动大流通、以大流通促进大发展的路子越走越宽①。交通的发展和科技的发达为河南架起与国际沟通交流的桥梁，通达全球；立体的交通体系，多样化的交通运输方式显示了河南重要的交通区位优势，河南的交通区位优势也加强了其与其他地区之间的交往和联系，“区位交通优势正加速转化为枢纽链接优势”②。综上，河南的区位优势便于传播中原优秀文化，也便于河南文化与其他地方的文化进行交流与融合。

（三）拥有一批有影响力的文化品牌

由于河南很长时间以来一直是国家政治、文化的中心，所以在这里形成的文化在很长时间内既具有主流文化的特色亦具有地域特色。在河南文化领域有一些坚持社会主流文化前进方向，传播主流文化，传递社会正能

---

① 参见《稳定“三农”后院 提亮发展成色——河南省委书记王国生谈短板也是新的增长点》，新华网，http://www.xinhuanet.com/2021-01/11/c_1126969928.htm。

②《稳定“三农”后院 提亮发展成色——河南省委书记王国生谈短板也是新的增长点》，新华网，http://www.xinhuanet.com/2021-01/11/c_1126969928.htm。

量，以中原优秀传统文化为底蕴的文化品牌，它们在带动河南文化产业发展的同时传播了中华优秀传统文化。比如一直以来坚守豫剧发展与传承的河南知名文化的品牌节目《梨园春》。河南豫剧根植于河南地方文化土壤，有着广泛的民众基础。但随着人民文化生活的日益丰富，人们对豫剧的关注度有所降低，传统的豫剧发展形势不容乐观，在这一严峻形势下，《梨园春》一直以来致力于豫剧的传承与发展，该节目吸引了一大批热爱豫剧的人士，传播了豫剧中蕴含的文化精神，提升了豫剧的发展水平及其在全国的影响力。由河南省教育厅主办的汉字大赛等赛事，以中华文字文明为基础，采用灵活的形式彰显传统文化的魅力，促进了汉字文化以及相关的文学文化知识的传承，为广大人民群众了解博大精深的中华文化提供了很好的学习平台。河南卫视举办的《武林风》栏目，以搏击的方式展现了拼搏、勇敢、坚毅、不怕挫折的精神，这也是传播中原文化的一种方式，得到了武术爱好者的喜爱。以上这些文化品牌节目及活动坚持先进文化的引领方向，深入挖掘中原优秀传统文化的深厚底蕴，并将其与现代技术手段相结合，使中原优秀传统文化得以实现创造性转化和创新性发展，丰富了河南的文化市场，展现了中原文化门类的丰富与资源的丰厚。这些文化品牌节目及活动为河南省文化强省建设提供了强大的动力和实际行动上的支持。

二、河南建设文化强省的劣势

（一）人口基数大，思想观念相对保守，整体文化程度相对较低

由于河南地理区位重要，历史上很多王朝都在这里建都，河南长期以来被作为封建社会统治的中心地带，对中国民众思想影响较深的中原伦理在这里产生和推广。在此情况下，河南人受传统思想的影响较深，中原伦理思想也对河南民众产生了深远影响，这导致这一地区的人们形成正统、保守的品格，这些传统思想的影响在一定程度上阻碍着河南文化的推陈

出新。

河南的地理区位优势，使其成为传统意义上的农业大省，人口总数位居全国前列。农耕文明为这里带来了一定时期内的发展，但农耕文明、农业的特点也影响着河南人的性格。我国传统农业文化的特点是自给自足，小富即安，缺乏与现代市场经济的关联性①。传统农业文化的特点、土地的稳固性以及农业技术发展缓慢等原因使河南人具有安土重迁、思想观念较为保守等特点。此外，河南世代以农为业的人们整体文化水平相对较低，观念相对陈旧，长期从事农业生产产生的“小农意识”以及庞大的农业人口基数成为制约河南文化发展的原因之一。

（二）人均教育资源相对匮乏，高素质人才相对缺乏

河南虽为我国人口大省，但相对东部沿海发达省份而言，河南教育资源相对贫乏，知名高校数量较少，这些因素在一定程度上限制了河南学子的升学之路，进而影响到河南人口的整体文化水平。此外河南高校特色不够突出，存在专业设置相对重复、教育资源有所浪费的现象；河南各高校在专业设置方面还存在种类不够齐全等不足，如河南文化艺术资源相对丰富，但今天在河南还没有一所专门的高等文化艺术本科院校的存在，这在一定程度上也影响了河南文化艺术的传播与传承，削弱了河南文化艺术在全国的影响，是河南文化艺术发展的短板之一。在新兴专业及与其相关的技术手段变革的过程中，河南诸高校培养的人才也难以满足前沿研究和社会的需求。

文化建设需要高技能、高学养、高水平的人才来支撑，人才在促进文化发展方面起着重要作用，所以我们要不断强化河南建设文化强省的人才基础。河南地处中西部地区，经济发展落后于东部沿海城市，发展机会少于东部沿海地区，这些都是导致河南人才资源不充足的因素。另外民间文化的传承还出现断层现象。由于传统技艺带来的经济效益不高，从艺者人数相对较少，传统技艺出现无人继承的尴尬局面，传统工匠精神面临后继

① 参见靖恒昌:《对河南文化产业发展的几点思考》,《中国市场》,2006年第13期,第14页。

无人的危机，这些都显示出河南文化市场人才较为贫乏的现状。对此，近年来河南不断采用人才引进等措施，充实文化人才队伍，但想要建设文化强省尚需努力。

（三）文化资源保护相对乏力，开发能力较为薄弱

河南历史文化底蕴丰厚，古代流传下来的文化资源极其丰富，这是前人留给河南的一笔宝贵财富。但近年来随着市场经济的发展，一些人为了获取经济利益，忽视了对文物资源的保护，有些文物破损、风化严重，急需进行修复，有些甚至出现无意被破坏的情况，这些现象的出现暴露出一些人对文化资源的价值认识不足和对文物保护不够重视的现实。流传至今的文化资源对于人类研究古代社会的文化、生活等提供了直接的证据，对其施加保护有利于保护中华文化的完整性。

除对文化资源保护较为乏力之外，河南还存在一定的对文化资源开发利用不强的现象，如一些优秀文化资源的价值没有被充分利用，文化资源中反映出的优秀品质没有被很好地继承和发展等。在建设文化强国的背景下，一些地方虽然试图开发本地的优秀文化资源，举办相应的特色文化活动，但从目前的发展形势来看，河南省虽然对于传统文化资源有发掘，但存在整体特色不突出、开发眼光不够独到等不足，难以让人们深刻感受到河南区域文化的魅力，这同样是对文化资源的一种浪费。

文化资源保护较为乏力，开发能力相对薄弱的现状体现了文化资源没有得到合理的开发与利用。河南丰富的文化资源对文化发展来说是一种潜力，需要我们及时进行发掘。

三、河南建设文化强省的对策

在河南省建设文化强省的过程中，要充分利用河南丰富的本土文化资源，充分发挥中原伦理的巨大作用，让文化引领各项事业的发展，使河南实现从文化资源大省向文化强省的跨越式发展。具体可以从以下六个方面

着手。

（一）加强对文化资源的保护及开发利用

河南丰富的文化资源是前人留下的宝贵财富，在建设文化强省的过程中，要加大对文化资源的保护力度，推动传统文化的创造性转化和创新性发展，以发挥其更大的作用，助力河南省文化强省建设。

加强立法。以法律的形式保护文化遗产，明确文化资源保护的对象、范围，明确相关责任人的权属、职责，以及破坏文化资源应受到的惩罚，从而使文化资源保护制度化、规范化。

努力保持文化资源的多样性。我们要力求保持文化资源的原生状态、原创状态，这样有利于让后人对传统文化资源的了解更全面，对传统文化的把握更透彻，更加热爱传统文化，进而能够更积极主动地保护传统文化资源。保护传统文化资源还要求我们能够将文化资源进行有效整合，从整体着眼，打造中原文化链和中原文化圈，增强中原文化的厚重感，努力将河南打造成为重要的文化中心地带和文化高地。

对于物质文化资源的保护，除了需要对现有文物资源进行保护外，还应对已经破损、风化的文物资源进行及时的整修，力求恢复其原貌，保持其完整性，展现其文化内涵。此外，我们还可以借助现代化的手段让静止的文物资源“活”起来，以更加活泼的手段展现其内容和内涵，增进世人对传统文化的了解，激发广大人民群众更深厚的民族情感。

对非物质文化资源要进行有效的动态保护，使其在所处的原始环境中迸发活力。保护非物质文化资源的途径有很多，如我们可以积极举办相关的节日活动，通过节日展现民俗风情、传统技艺，使人们更直观体味独特的民间传统节日魅力，同时感受非物质文化遗产的人文魅力和文化底蕴等。

保护非物质文化资源不仅要保护其生存的环境，还应为其传承人提供帮助。由于非物质文化资源的相关从业者能够获得的经济效益不佳，加之现代相关工艺的冲击，很多民间的非物质文化资源濒临灭绝和失传，针对此，相关部门可以运用政策倾斜等手段对非物质文化资源传承人进行帮助。如可以为他们提供优厚的待遇，在经济上给予他们一定的支持，解除他们的生存之忧，使其安心进行文化传承工作。此外，还可以为文化传承人提供一定的发展平台，让传承人有合适发展的空间，使他们更加愿意传承技艺，促进文化传播和发展。

在文化资源保护的基础上将文化资源与旅游进行结合，打造文化旅游产业。“文化是旅游的灵魂，它丰富了旅游的内涵和吸引力，同时旅游业是盘活潜在文化资源的最佳手段。”[①]精心设计文化旅游线路，能够让文化资源实现价值增益。河南文化资源丰富，但与其相关的旅游业仍是以静态观览为主要方式，对此，相关部门可以对文化资源进行动态开发、纵深扩展、延伸开发，使游客在旅游的过程中，在观览文物的同时，能够感受文物背后承载的文化，体会文物背后深刻的意义。在打造文化旅游的过程中要深入挖掘本地特色，促进地方文化和旅游事业共同发展。此外，文化旅游共同发展的同时可以开发文化周边产品，使文化衍生品承载深厚的文化内涵，让文化产业带动地方其他产业发展，这有利于打造中原文化品牌，扩大中原文化的影响力。

（二）提高农业人口的文化素养，提升乡村文化水平

河南农业人口众多，文化强省建设的难点在乡村。提高农业从业人口的文化素养，提升乡村文化水平是河南建设文化强省的当务之急。

第一，建立健全乡村文化服务体系。政府应加大对乡村公共文化建设的投入，完善乡村公共文化服务网络，如在乡村建立文化活动中心和文化室，助力乡村文化建设。鼓励社会各界向乡村捐赠图书，丰富农民文化生活。另外还可以加强乡村互联网建设，加强农民与外界的联系，扩大乡村的信息来源，增加农民对外界文化知识的了解，增长见识，开阔眼界，提升农民的文化素质。

---

① 李光：《以产业化推进河南文化强省建设》，《河南科技大学学报》（社会科学版），2010年第3期，第82页。

第二，培养乡村文化的领头人。相关部门可以在乡村内部选取一部分能力强、知识水平相对较高的人，对他们进行优先培养，提升他们的文化水平，进而让他们带动整个乡村文化水平的提升。如可以送他们至高等院校进行学习，以此来提高他们的知识文化水平，在学有所成后再让他们重新融入乡村内部教导乡村民众学习文化知识，以此来提升村民劳动技能水平和科学文化知识水平，培养社会需要的新型农民，为乡村发展注入新的动力。

第三，开展文化活动，提升农民文化品位。政府可以组织文化下乡活动，定期邀请学者开展文化系列讲座，讲授先进文化和优秀文化，使农民感受文化的精神力量。有条件的乡镇可以开设培训班组织村民进行文化知识的学习，使其获得更多的知识，促进乡村人口文化水平迈上新的台阶。相关部门还可以开展文化下乡、乡村电影放映等文化活动，以多样化的文化展演形式，丰富乡村民众的文化生活，让民众了解多姿多彩的河南文化，进而提升民众文化水平。

（三）打造良好河南文化形象

文化形象是文化状况的综合反映，是身份识别标志，也是文化发展的符号。河南的文化形象是河南的人文历史资源、人文素质以及公众对河南印象等的集中反映。文化形象一定程度上反映社会的认可程度。很长时间内，河南形象被丑化，这严重影响河南正面文化形象的树立。在河南省建设文化强省的过程中，要精心选取符合河南特征的文化元素打造河南文化形象，树立河南在公众心目中的正面文化形象。

打造河南文化形象，最直接的方式就是让文化“开口说话”，让文化“发声”。为此，首先，我们要保护好、利用好河南是黄河文明和中原伦理的主要诞生地这张名片。黄河文明承载的优秀文化内涵在这里形成，中原伦理的优秀特质在这里展现。这片土地上生活的人们继承和发扬了黄河文明的优秀内涵和中原伦理的优秀品质，我们可以借助黄河文明和中原伦理为河南树立正面文化形象，激发河南民众的自豪感和自信心。其次，我们可以借助河南涌现的优秀人士打造良好河南文化形象。河南历史上涌现出众多可歌可泣的英雄人物，他们是河南的典型，也是河南形象的代表，在建设文化强省的过程中，我们要对他们的事迹进行详细报道，发挥他们的榜样作用，号召全省从上至下学习先进，践行美好品质，提高全省人民的文化素养，提升河南整体文化形象。再次，我们可以策划文化讲坛节目、拍摄影视作品帮助河南打造良好文化形象。中原传统文化大部分以文字的形式被保存在经典典籍之中，这种存在形式相对单一，受众范围较窄。针对此，在信息技术高速发展的今天，我们可以借助现代传媒技术，如策划文化传承类节目和拍摄影视剧，用生动形象的形式、以声画结合的方式，展现中原深厚的文化底蕴以及人文历史，打造河南历史厚重的文化形象。对于河南境内蕴含教育意义和思想价值的文化资源，我们可以将其进行整合，并拍摄成电影或电视剧，这可以使观众在享受视觉盛宴的同时感受心灵的洗礼。如电影《少林寺》的播出让登封少林寺名扬全国，观众在欣赏少林功夫的同时也能领悟少林武侠精神。我们亦可采用该方式大力宣传河南境内其他红色文化资源，借助现代媒介的力量对中原传统文化资源进行重新发掘，提高河南的知名度和美誉度，弘扬河南文化精神。最后，网络的发达与自媒体的出现为信息传播提供了便利途径。河南人们可以借助自媒体的便捷性传播河南优秀文化，打造良好河南文化形象。

（四）依托高校建立中原伦理研究中心

中原伦理主要产生和形成于河南，中原伦理是河南的根文化，对河南文化的发展有着重要影响。今天，我们在河南省文化强省建设目标的指引下理应对中原伦理进行重新发掘、整理和创造性转化。

通过笔者对河南建设文化强省劣势的分析，我们可以发现，河南省科研人才相对匮乏。针对此，在对中原伦理重新探索的形势下，我们首先要引进相关专业的研究人才，充实河南的人才建设库，为河南文化强省建设准备充足的人才资源。

其次，我们可以依靠河南省内高校的力量，组建相应的中原伦理研究中心，在此形势下，相关高校也在不断建立相关的研究中心。如河南大学成立的“河南大学中原民俗与文化研究所”，致力于对中原民俗文化研究，并对散落于民间的民俗文化进行搜集、整理、研究，便于加深对民俗文化的掌握和了解，尽力展现民俗风情概貌。但中原伦理内容丰富，仅凭某一所高校对其开展研究势必力不从心，故而对中原伦理的研究我们还应考虑河南省内其他高校，并依托当地文化资源优势对中原伦理进行分类研究，各高校应选拔在此方面有研究特长的研究者，鼓励他们进行潜心研究，最终再由牵头者组织对所有高校的研究成果进行总结，形成对中原伦理的总体再探索、深挖掘，找到中原伦理与时代发展的契合点，发挥中原伦理在推动文化建设方面的巨大精神价值，助力河南省文化强省建设。

（五）打造具有鲜明地域特色的文化品牌

打造具有鲜明河南地域特色的文化品牌就是为了全方位地展现河南的独特文化内涵，彰显河南文化特色，树立良好河南文化形象，提升河南文化的知名度、美誉度和影响力。

河南建设文化强省的优势之一是已经拥有一批具有一定知名度的文化品牌。但这些文化品牌种类仍较少，而且影响主要在河南本土，在全国产生的影响力也较小。“没有优势文化品牌，就意味着没有核心竞争力”[①]，所以在河南建设文化强省的过程中我们要着力打造一批有鲜明河南地域色彩并在全国有影响力和知名度的文化品牌，用知名文化品牌助力河南文化强省建设。

关于如何打造知名文化品牌，我们可以进一步加强对洛阳龙门石窟、登封少林寺、安阳殷墟遗址、炎黄始祖文化等优势文化名片的保护和开发，用厚重的中原文化吸引四面八方的游客，让他们在瞻仰名胜遗迹时感受河南文化的深厚底蕴，增强他们对河南文化的敬仰和认同，进而提升河南的文化地位。

① 李光:《以产业化推进河南文化强省建设》,《河南科技大学学报》(社会科学版),2010年第3期,第82页。

我们也可以充分发掘河南豫剧文化资源。河南以豫剧为代表的地方剧种以及河南民间艺术，形象地展现了河南的民俗风情，充分体现了河南本土特色，具有很强的中原地域文化特色。河南文化在对外传播的过程中要充分发挥好豫剧的独特性和优越性，增强其与外界的交流，展示河南文化的特色和魅力。

另外，在打造知名文化名牌的过程中，我们要加强河南本土特色文化之间的联系，使各地文化互惠共生，壮大河南文化软实力，增强河南文化的影响力。此外，传播河南文化还可以充分利用现代传媒手段，如借助网站、微博、微信公众号等平台传播河南特色文化，加快文化强省建设。

（六）树立开放的文化观，构建开放型文化体系

在用优势品牌助力河南省文化强省建设的同时，还应坚持“走出去”“引进来”的思路。坚持开放的文化观，用大文化的眼光看待河南的文化发展和文化建设，让中原文化走向世界，让世界文化走进河南。河南在向外界传播自己的特色文化的同时，要用开放的心态接纳外来文化，杜绝轻视外来文化的现象，我们要吸取百家文化之长，育我文化发展；用多彩的外来文化丰富中原伦理文化，发掘文化创新点，将河南本土文化与外来文化相融合，丰富河南文化的内涵。在河南文化与外来文化的交融中产生更能与时代契合的文化，助力河南文化发展，实现河南文化强省建设目标。

第六章　中原伦理的其他相关研究

数千年来，农业经济始终是中原地区的主要经济形式，农耕生活是中原地区古代社会的主要生活方式，中原地区的乡村文化天然地与中原伦理产生着不可分割的联系。笔者曾主持2020年度河南省高校人文社会科学研究一般项目“乡村振兴战略下河南省优秀传统乡村文化的创新发展研究”，并顺利结项，其主要内容包括河南省传统乡村文化创新发展的目标、内涵与路径。此外，我们曾以“中原元素与广告创意的结合研究”为题目完成2014年度的河南省社科联项目，并在广告学界的权威期刊《广告大观》（理论版）发表学术文章。笔者将这两个科研项目的主要研究成果归纳如下，作为本书内容的补充，进一步彰显中原伦理研究的学术意义与实践价值。

第一节　河南省传统乡村文化的创新发展

河南省是农业大省，乡村发展问题是影响河南省社会经济文化发展的重要问题。2018年12月，中共河南省委、河南省人民政府印发《河南省乡村振兴战略规划（2018—2022年）》，并要求各级政府与相关单位贯彻落实，河南省的乡村振兴战略进入了新的发展阶段。

河南是农业文明的策源地，拥有着得天独厚的传统乡村文化资源，这些文化资源千百年来建构着这一地区乡村的经济、文化、生态与政治发展格局，至今仍发挥着重要的影响。随着河南省乡村振兴战略的深入实施，如何不拘泥于传统文化的“古”而实现文化的“新”；如何具体结合乡村振兴战略的要求，进行优秀传统乡村文化的重新发掘与定位；如何实现优秀传统乡村文化的创新发展，并以此推动乡村振兴战略的深入实施；如何以优秀传统乡村文化的力量，促进新时代乡村政治、经济、文化的全面发展，已经成为理论研究与实践发展的热点议题。

一、“五美乡村”——传统乡村文化创新发展的目标

实施乡村振兴战略的总要求为“产业兴旺、生态宜居、乡风文明、治理有效、生活富裕”。进入新时代，社会主要矛盾已经转变为“人民日益增长的美好生活需要和不平衡不充分的发展之间的矛盾”，这也是河南乡村地区的主要矛盾，是河南省乡村振兴战略要着重解决的主要矛盾。补足河南省“三农”问题的短板，促进农村地区政治、经济、文化的全面发展，是新时代赋予我们的责任与使命。

根据国家乡村振兴战略的总体要求与河南省关于实施乡村振兴战略的具体指示，结合河南省乡村发展的现实需求，我们将河南省传统乡村文化创新发展的目标定为建设“五美乡村”，即建设具有“环境之美、风尚之美、人治之美、文艺之美、创业之美”的乡村。

（一）环境之美

习近平总书记强调：“建设好生态宜居的美丽乡村，让广大农民在乡村振兴中有更多获得感、幸福感。”[①]乡村环境建设的目标，就是要打造规划合理、村容整洁、绿化美化、公共服务完善、生态宜居的美丽乡村，这是实施乡村振兴战略的一项重要任务。

宜居的乡村生态环境，是中国传统乡村留给我们的美好记忆，也是乡

①《建设好生态宜居的美丽乡村 让广大农民有更多获得感幸福感》，《人民日报》，2018年4月24日，第1版。

村发展的最大优势。村民生活、经济生产与乡村生态和谐共生的美丽乡村，能够提高乡村群众生活的舒适度与幸福感，人们也可以以此为基础，依托自然资源优势发展特色产业，从事绿色作物生产，发展乡村生态旅游，如打造生态循环农业、打造优质农产品生产基地、开发林果采摘农家乐项目、探索乡村特色的文旅项目等。

我们强调的乡村“环境之美”，既尊重了乡村群众的传统情感，又符合乡村生活的传统习惯，其实现以农村河道、道路交通、绿化美化、环境保洁、公共设施“五位一体”的现代化整治为基础，实现的是留住乡村韵味、彰显乡村本色、突出地区差异、服务群众生活，让群众望得见山、看得见水、记得住乡愁。信阳郝堂村，是省内外知名的注重生态环境建设的美丽乡村。郝堂在重新规划的初期，相关部门统筹设计、因地制宜，依托原址原貌，突出自然生态，杜绝大拆大建，最终郝堂变成溪水环绕、青山映衬、民居错落、传统豫南风格建筑与现代化生活设施相互融合的宜居之地。

（二）风尚之美

习近平总书记强调，实施乡村振兴战略要物质文明和精神文明一起抓，特别要注重提升农民精神风貌[①]。所谓风尚之美，即美丽乡村的乡风文明建设，其是乡村振兴战略实施的重要推动力量，是乡村综合发展的基础。满足乡村群众的精神生活需求，提高群众的精神文明素质与道德修养，在乡村振兴发展的关键时期显得尤为重要。

建设具有“风尚之美”的乡村，要以社会主义核心价值观为引领，充分传承优秀传统文化，尊重乡村群众的主体地位，以乡村群众的切实需求及其喜闻乐见的形式，组织农民开展丰富多样的文化活动，培育家庭和睦、民风淳朴，文明有礼、崇德向善、守望相助的村风民俗，切实提升乡村群众的素质与乡村文明的程度。

① 参见中共中央党史和文献研究院：《习近平新时代中国特色社会主义思想学习论丛》（第五辑），北京：中央文献出版社，2020年版，第12页。

在开展具有“风尚之美”的乡村建设中，应形成以乡镇级政府为指导、村级机构为主导、群众主动参与的文化活动运行机制，创新活动内容，丰富活动载体。如乡镇单位组织人员深入乡村开展政策宣讲、志愿服务、道德教育等活动，村级单位积极组织全体村民踊跃参加；还可以采取红歌比赛、广场舞比赛、“道德模范”“身边好人”“文明商户”“好婆婆”“好媳妇”“文明家庭”评选等活动，以精神文明手绘文化墙、道德故事大广播、村规民约公示、道德模范宣传栏等为载体，完善乡村文化支持与服务体系，提升群众参与热情，推动乡村群众文明素质和乡村社会文明程度的全面提升。

（三）秩序之美

所谓“秩序之美”，针对的是实施乡村振兴战略总要求中的“治理有效”，目的是要实现乡村法治与自治层面的稳定、和谐、统一，形成遵纪守法、村务公开、和谐稳定、安定祥和、安居乐业的乡村社会生活场景。

乡村振兴重在治理有效。数十年来，随着工业化进程加快与城镇化建设提速，传统乡村稳定的社会格局发生了深刻变化，单一的农业经济解体分化，农民身份逐渐多元化，随之而来的各种影响乡村稳定的因素凸显，以往的乡村治理模式很难适应新时期的需要，急需进一步深化改革。对此，要加强乡村基层自治组织建设，坚持党管农村工作；建立健全党委领导、政府负责、社会协同、公众参与、法治保障的现代乡村社会治理体制，构建乡村治理新体系；建设平安乡村，严厉打击乡村黑恶势力、宗族恶势力，维护平安祥和的乡村环境。

此外，还要强化农村基层党组织的责任意识，充分发挥基层党员干部的先锋模范带头作用和基层党组织的战斗堡垒作用，提高农村党组织的战斗力、凝聚力。一个党组织一个堡垒，一名党员一面旗帜，只要强化村党组织对村级各类事务的领导，提高农村党员的责任意识与工作激情，充分发挥党员干部在乡村治理中的骨干作用，就能聚沙成塔、握指成拳，将我们的农村建设成为充满活力、和谐有序的文明乡村，保证农村的稳定与社会的和谐发展。

（四）文艺之美

2014年10月15日，习近平总书记在文艺工作座谈会上的讲话强调："文艺是时代前进的号角，最能代表一个时代的风貌，最能引领一个时代的风气"①。在乡村振兴中，除了基础设施的完善、生态环境的提升、和谐秩序的构建，乡村文艺的发展也是乡村文化建设的重要内容。丰富多彩的乡村文艺，生生不息，流传久远，在新时代，其又融合了新的元素与形式，已经成为乡村精神文明建设的重要载体。

随着乡村群众生活水平的不断提高，人们也有了更高的追求，乡村文艺演出就是一个生动体现。在中国乡村，每个重大节日都是乡村群众展示自己精神文化风貌的好时机。传统的戏剧、舞蹈、说唱是乡村群众喜闻乐见的节目形式，表演者或许没有明星那样的光环，舞台或许没有现代都市的炫目，但乡村文艺极具亲和力的内容、更接地气的形式，使老百姓们更加觉得真实、亲切、自然。多种多样的乡村文艺形式表达着群众的丰富情感，展示着人民自信与进取的精神面貌。融入了社会主义核心价值观等正能量的乡村文艺演出，歌颂乡村新人新事，宣传新的政策措施，传承优秀乡村文化，得到了乡村群众的广泛认可。

乡村文化建设的"文艺之美"，即要实现乡村文化繁荣，为乡村文化注入时代精神，致力于建设乡村群众的精神文化家园，将新农村建设的内涵传递给广大人民群众，使乡村文化充分陶冶乡村群众情操、对群众塑造健全人格起积极的促进作用。

（五）创业之美

"创业之美"的提出，针对的是"产业兴旺"这一实施乡村振兴战略的总要求。产业兴旺是乡村振兴的基础，是解决"三农"问题的前提。党的十九大报告指出，要促进农村一二三产业融合发展，支持和鼓励农民就业

① 习近平：《在文艺工作座谈会上的讲话》，北京：人民出版社，2015年版，第5页。

创业，拓宽增收渠道。《全国乡村产业发展规划（2020—2025年）》也指出，到2025年要实现乡村产业体系健全完备，乡村产业质量效益明显提升，乡村产业内生动力持续增强。我们所强调的创业之美，是发扬乡村群众吃苦耐劳、勤劳致富的创业热情，培育勇于创新、诚信经营的创业氛围，开创良好的创业创新环境。

河南的许多乡村都拥有悠久的发展历史，很多乡村都有着“老字号”的乡村产业，作为劳动人民勤劳和智慧的结晶，这些产业从历史深处走来，延续百年甚至千年，成为印刻在骨子里最纯粹的民族文化记忆。如宝丰的白酒、新野的黄酒、武陟的油茶、道口的烧鸡等。在乡村振兴战略实施的大背景下，将传统产业与新的市场环境、新的营销方式、新的技术条件相融合，农村的天地将更加广阔，人们将大有可为。

二、古风新韵——传统乡村文化创新发展的内涵

中原地区流传千百年的古村落生态建构与人居理念，乡村文化精髓所蕴含的人文精神与道德规范，被奉为圭臬、世代传颂的乡贤哲思与家训家规，散落于乡村的珍贵的民间文艺形式，以及传承数百年而历久弥新的乡间传统产业，它们跨越了时代鸿沟、承受了历史考验，是弥足珍贵的优秀乡村传统文化的重要组成部分。笔者将其总结为“五古”，即“古村、古训、古贤、古艺、古业”。

河南省传统乡村文化的创新发展，根在传承，重在提升，应古为今用，尊“古”而创“新”。因此，围绕传统乡村文化的“古村、古训、古贤、古艺、古业”，我们针对性地提出“新貌、新德、新秀、新传、新途”，为传统乡村文化创新发展进行了完整的“古风新韵”内涵架构，即“古村新貌、古训新德、古贤新秀、古艺新传、古业新途”。这种内涵架构方式，以“古”为根基，以“新”为旨归，通过对优秀传统乡村“古”文化的传承，实现新时代新农村“新”文化的发展，既体现了传承中的“古”的元素，又突出了创新后的“新”的元素，更加符合河南省乡村振兴发展的需

要，可以有效发挥优秀传统乡村文化对乡村建设的推动作用。

（一）古村新貌

当前的美丽乡村建设，更多强调的是通水、通电、通网、通邮、通气、通路，以及如党群服务中心、学校、治安室、健身广场、中心游园等配套设施建设。其以“现代化”的标准，着眼点在于“规范化”“统一化”，力争在居住条件上缩小城乡之间的差距，满足乡村群众对美好居住环境的需要。

笔者认为，每个乡村都有自己的历史文化，都有区别于其他乡村的地势地貌。乡村环境建设，要注重对传统乡村文化元素的传承，注重结合乡村本身地势地貌，突出古村新貌，留住青山绿水，留住乡愁。河南省信阳市郝堂村的环境改造是河南省美丽乡村建设的典型，其改造结合豫南民居特点，延续乡村历史文脉，坚持“能改不拆，能用不买”的原则，大多数建筑都是在原址上修建。该村因地制宜、尊重自然，充分利用环村而走的九龙溪的水利资源，打造贯穿全村的水系景观，将两百多亩稻田改建为荷塘，建造亲水木栈道，将其打造成为生态宜居美丽乡村的典型代表。

（二）古训新德

传统乡村社会中，农民生活在非正式的社会组织之中，这些组织以“血缘、地缘、家庭”关系维持社会秩序。“古训”就成为传统乡村中重要的道德标准与行为规范。许多有着悠久发展历史和稳定的宗族繁衍史的乡村，都有自己的家族古训流传。这些古训与国家层面的社会主义核心价值观、与地方层面的精神文明规范相结合，成为带有文化整合意义的新的道德规范，对乡村社会的稳定与发展发挥着积极的建构作用。

2018年10月，河南省洛阳市舜帝庙村也曾组织过“传承古训‘晒’家风”的活动。在该村的各家各户的门口，有的张贴着如“耕读并重、严格豢养、公正廉洁、依伦五常”这样的古训，也有着诸如“婆媳和，夫妻和，子孙孝，家业兴”“处世以谦让为贵，做人以诚信为本”“吃不穷，穿不穷，人不读书一世穷”“家风正则万事兴”等符合社会主义核心价值观的新的道德规范。其中有的语言虽然通俗浅显，却来自祖祖辈辈对子孙立身、处世、持家的教诲，来自村民对新时代道德规范的践行，更加具有传承先辈美德、树立文化自信的实践意义。

（三）古贤新秀

中原乡贤文化是植根于中原乡土社会而形成的文化形态，它蕴含着见贤思齐、崇德向善的文化内涵。我们这里所说的“古贤”，即古代的乡贤，或是在乡村发展史中涌现出来的社会名士，或是被族谱记载而被后世尊为楷模的家族先辈。他们或为人厚道、治家有方，或凭一技之长造福乡里，或敏而好学、著作等身，或报效国家、光宗耀祖……他们对传统乡村稳定与经济发展发挥了积极的整合与促进作用。

“新秀”，特指新时代的乡贤，他们是乡村优秀传统文化的继承者，更是弘扬当代先进文化的杰出代表。他们或在外打拼、成家立业，在故乡具有较高的知名度与号召力；或在乡务农，与人为善，德高望重；或在乡经营产业，令村民信服。他们都以自己的价值观念、道德标准、知识财富等影响着乡村文化与经济的发展。

2015年，中共中央、国务院印发的《关于加大改革创新力度加快农业现代化建设的若干意见》明确提出：“创新乡贤文化，弘扬善行义举，以乡情乡愁为纽带吸引和凝聚各方人士支持家乡建设，传承乡村文明”。这些乡贤，尤其是新时代的乡贤，从政治、经济、精神上引领着现代乡村的发展。他们是构建乡村治理新体系、维护乡村政治稳定的基石，他们是新农村经济建设的先锋队与主力军，他们是文明乡风、良好家风、淳朴民风的倡导者与实践者，因而成为乡村文化创新发展的重要力量。

（四）古艺新传

传统乡村文化中的“古艺”，是千百年间乡村劳动者为满足自己生活与审美需求而产生的民间艺术形式，包括音乐、戏曲、舞蹈、绘画、雕塑、编织、剪刻、印染等，这些民间艺术形式具有较长的历史和鲜明的地域特色，很大程度上代表着该地区传统乡村生活的精神内涵与审美情趣。

河南省拥有丰富的乡村文化遗产资源，这些文化遗产资源生动而鲜明地记载着中原地区乡村文明的发展进程，真实反映了中原乡村的民俗、民风、民情，是中原人民勤劳智慧的生动体现。这些散存于民间的艺术瑰宝，经历了数十年的“低谷期”后，在文化繁荣的新时代，在国家与地方政府的重视下，重新焕发出了新的生机。

新野猴戏，从“古艺”到“新传”的创新发展历程，是河南省“古艺新传”的代表。作为南阳新野县传统乡村艺术形式的新野猴戏，距今已有两千多年的历史，是河南省省级非物质文化遗产。从最早的一个扁担两个箱、摆地摊卖艺，到后来到景区、剧团定期表演，或者自建舞台表演，再到被邀请作为电影中的重要角色，重新发掘猴戏的艺术价值，推动猴戏走上大雅之堂，已经成为这种传统乡村艺术形式创新发展的新路径。

（五）古业新途

习近平总书记指出，产业兴旺是解决农村一切问题的前提。乡村产业是根植于乡村，以农业农村资源为依托，以农民为主体，以第一、二、三产业融合发展为路径，地域特色鲜明、承载乡村价值、创新创业活跃、利益联结紧密的产业体系。乡村产业是乡村经济文化的构成核心，直接影响乡村文化创新发展程度，影响乡村振兴战略的实施效果。

“古业”，指的是千百年来传承下来的具有鲜明家族印记与地域特色的乡村产业，其隐身于乡村民间，以家庭或工场为单位，以手工生产为主要生产形式，生产规模小、辐射范围窄，但由于其凝结着的经济价值与文化价值，在当代社会依然具有旺盛的生命力与宽阔的发展前景。禹州神垕镇的钧瓷、南阳新野县的黄酒、偃师马屯村的红鼓、许昌霍庄村的社火道具等，都已经具备了较大的生产经营规模。

2019年6月国务院印发的《关于促进乡村产业振兴的指导意见》明确指出，乡村产业是姓农、立农、为农、兴农的产业。具有传统乡村文化特色的乡村产业，经历了千百年的传承，在社会主义新农村的建设中，将肩负起促进农民持续增收、推动乡村生活富裕的重任。

三、“五个一工程”——传统乡村文化创新发展的路径

以“五美乡村”为建设目标，以“古风新韵”为文化内涵，河南省传统乡村文化创新发展的责任主体，应为更加熟悉所辖农村的历史与现状、且拥有较强的智力支持与资源调配能力的县级政府。在传承与发展优秀传统乡村文化的过程中，县级政府应处于主导地位。笔者认为，河南省各乡村应在县级政府的领导下，实施“打造一批主题新农村、倡导一批道德新风尚、推选一批时代新农民、扶持一批民间新文艺、创建一批乡企新品牌”的“五个一工程”，建构起河南省乡村文化创新发展的实施路径。

（一）打造一批主题新农村

近年来，乡村建设取得了有目共睹的成就，国家也先后制定实施了大量的鼓励政策。但某些乡村急于求成、盲目跟风，先是强调硬件现代化而大搞基础设施建设，后又突出“乡愁”做复古改造，跟着“全域旅游”的风口做乡村旅游开发，这体现了在乡村建设中存着在明显的急躁心理。

新农村建设，应该体现特色、差异和品牌，切忌千篇一律、一拥而上。应该以县级政府为主导，在县域范围内根据不同乡村的经济文化资源状况与发展潜力，制定差异化的乡村建设主题。如在具有经济发展潜力的乡村，建设“经济示范村”；在具有良好生态环境资源的乡村，建设“生态旅游村”；在具有丰富历史文化资源的乡村，打造“地域文化名村”；在乡风文明、现代化设施完善的乡村，建设“现代文明新村”；等等。通过一批主题新农村的打造，带动整个县域的乡村建设，实现乡村的科学、有序、可持续发展。

安阳滑县根据全县村庄的发展程度将村庄划分成“中心村”“特色村”“一般村”三个级别，科学确定不同地区、不同发展阶段村庄的具体发展

目标、工作重点和实施对策，避免大拆大建、一刀切、“千村一面”，是新农村建设的典范。

（二）倡导一批道德新风尚

道德新风尚，是传统乡村文化中乡贤文化与家训家规在新时代的传承与发展。我们应结合社会主义核心价值观，以文明滋养乡村建设，推进移风易俗，培育优良家风、文明乡风和新乡贤文化，引领乡村文化新风尚，传递社会正能量。

要将乡村倡导的道德新风尚与优秀传统乡村文化结合起来，实现传统乡村文化的创造性转化与创新性发展；要赋予社会主义乡村文明新的时代内涵，丰富其传播新载体；要挖掘乡村社会蕴含的道德规范，完善村规民约，强化道德的教化与规劝意义；要广泛开展多种形式的群众文化活动，以乡村群众喜闻乐见的形式，创造更多更好的精神产品，增强乡村群众的归属感与幸福感。更为重要的是，道德新风尚的倡导，一定要发挥乡村基层党组织与党员干部的引领作用，一定要强调社会主义核心价值观的主导地位，一定要注意将法治与德治结合起来、将自律和他律结合起来，一定要保证弘扬与传播积极向上的、具有凝聚力与整合力的道德风尚。

巩义市针对乡村出现的重幼轻老、薄养厚葬等现象，围绕由于农村生产经营、人口构成等而出现的养老问题，从2014年起开展实施了“孝心示范村”创建活动，以开展孝德教育、选树孝顺儿女、进行孝风评议、推动孝道实践等形式，使“尽孝为荣、不孝为耻”的理念深入人心，让孝道点亮道德明灯，用孝道培育文明乡风，形成了父慈子孝、夫妻和睦、邻里和谐的氛围。

（三）推选一批时代新农民

推选时代新农民，目的是通过对先进人物、先进事迹的推选与弘扬，发挥先进人物的榜样作用，激发乡村群众在政治、经济、文化等方面的发展潜力。在乡村经济发展、文化建设、教育普及、农业生产等领域作出特殊贡献与发挥带头作用的农民，都可以成为“时代新农民”的候选对象。

在生产领域，我们可以推选爱农业、懂技术的“农业技术标兵”；在经济领域，我们可以推选带领农民致富、回馈家乡发展的“乡村经济人物”；在文化领域，我们可以推选守护传统技艺传承、秉持匠心精神的“文化守护者”；在道德领域，我们可以推选尊老爱幼、乐于助人、见义勇为的“道德模范”；在慈善领域，我们可以推选为乡村贫困群众捐款捐物、奉献爱心的“乡村好人”；在教育领域，我们可以推选为乡村教育事业默默耕耘、教书育人的“教育标兵”；等等。

2016年新野县曾通过基层推荐、资格审核、媒体公示、投票评选、综合评定等程序，评选出10名“首届新野县道德模范”。相关部门对这些道德模范关爱他人、助人为乐的道德情怀，见义勇为、勇于担当的无畏精神，以诚待人、守信践诺的为人品格，敬业奉献、勤勉做事的职业操守，孝老爱亲、血脉相依的至美真情进行了表彰，产生了较大的社会影响。

（四）扶持一批民间新文艺

发展民间新文艺，既要对乡村传统艺术进行继承，又要在新时代的新形势下对其进行创新发展，但传承与创新仅依靠民间艺人自己的努力，很难取得好的效果。很多散落乡村的民间艺术形式，要么后继无人，要么传承乏力，已经逐渐湮没不闻。在此情况下，政府部门，尤其是县级政府部门的“穿针引线”与“搭桥筑台”尤为重要。

相关部门对乡村的民间艺术进行扶持，应从搜集、整理、保护、推广等多层面入手，形成系统化的扶持措施。县级文化主管部门应牵头，对散落乡间的传统艺术进行挖掘，对艺术原始材料进行整理；对乡村艺术传承人进行认定，并推动县区级、省市级、国家级非物质文化遗产的申报与立项；联合艺术院校、艺术团体，协助乡村艺术传承人的培养工作，提高乡村艺术的活力，适应新时期受众的审美需求；扶持具有市场潜力的文艺项目，尝试乡村传统艺术形式的产业化发展，为传统艺术形式的可持续创新发展奠定基础。

洛阳市孟津县白鹤镇的“王良杂技”和“赵岭高跷”，是自唐宋时期传承至今的乡间艺术形式。2018年，孟津县委、县政府出台创建中国杂技之乡的意见，并出台配套实施方案，由白鹤镇牵头，建立杂技产业园区，研发新的杂技设备、开发杂技衍生产品，努力创建“中国杂技之乡”。经过多方努力，孟津县的杂技已经发展成为庞大的产业链条。

（五）创建一批乡企新品牌

乡镇企业，是在乡镇范围创办的以农村集体经济组织或以农民投资为主的各类企业，是乡村经济发展的支撑力量。改革开放以来，乡镇企业获得了巨大的发展空间，有效提升了乡村就业率，促进了乡村经济发展，提升了乡村人民的物质生活水平。但是，不少乡镇企业在发展过程中也走了高投入、高消耗、低效益、高污染、缺少特色支撑、缺乏长远规划的粗放经营弯路。

乡村企业新品牌的创建，要强调因地制宜，强调特色传承，从乡村固有的传统产业中找发展路子，打造具有竞争力的差异化的产品矩阵，树立强势的具有地域特色的乡镇品牌，即前文所讲的“古业新途”。消费者对充满历史感与文化感的产品是崇拜的、敬畏的，这种崇拜与敬畏将转化为品牌本身独一无二的核心价值。县级政府单位要充分挖掘并扶持传承久远的乡村传统产业，鼓励具有市场发展前景的传统产业实施现代化经营，扩大生产规模，提高技术技艺，不断增强乡镇企业的品牌竞争力。

新野县龙潭村有着悠久的黄酒酿造历史，20世纪90年代成立的新野县龙潭黄酒公司，以古法酿造黄酒，并在其中融入现代养生文化，不断扩大生产经营规模，2015年多家公司联合成立“汉风龙鼎黄酒有限公司”，线上线下整合销售，产品畅销于京、津、沪、豫、鄂、陕、皖等地，并被列为南阳市“非物质文化遗产”。

第二节　广告创意中的中原文化元素

近几年广告创意研究领域较为突出的是广告创意与“中国元素”的结合性研究，即以中国传统文化为参照元素展开的广告创意的研究与实践。代表河南省文化特质的中原文化是中华文化的重要组成部分，同时其自身又具有鲜明的特点，也应是广告创意参照的模板，是值得深入研究且能够产生丰硕成果的新领域。

中原文化最早可以追溯至中国新石器时代，是中原地区物质文化和精神文化的总称。依据当前学界较为权威的研究观点，中原文化包含有史前文化、神龙文化、政治文化、圣贤文化、思想文化、名流文化、英雄文化、农耕文化、商业文化、科技文化、医学文化、汉字文化、诗文文化、宗教文化、戏曲文化、民俗文化、武术文化、姓氏文化等十八种文化类型，中原文化类型丰富，其中更是包含着丰富的具体的文化元素，都是数千年中华文化的结晶与宝贵财富。

我们要明确的是，本节所要论述的中原文化元素仅包含可以被现代广告创意所借鉴和使用的文化元素类型，并不是所有中原文化元素都能够简单地套用“拿来主义”的手段应用于广告创意，对可应用于广告实践的中原文化元素的梳理与分类，是本节将要解决的重点问题。

任何一类文化元素皆具具象与抽象两种类型，具象的文化元素即切切实实、可见可闻的具体人物、事物，抽象的文化元素则是这些具象元素背后所蕴含的上升到观念层面的生活准则，甚至是精神境界与人生理想，中原文化元素也是如此。在现有的较为成熟的广告与文化的结合性研究中，大都将文化类型概括为抽象文化与具象文化两种类型进行论述。本节将可应用于广告创意的中原文化元素进行梳理与分类，即按照具象的中原文化元素与抽象的中原文化元素两大类型展开讨论，以符合当前广告学界于此种研究的研究趋势，同时亦可形成清晰的研究脉络，便于生成对照性的研究成果，以更好地指导广告创意实践。参照中原文化研究领域所公认的十八种文化类型的分类，本节对其作了进一步的细分与考量，按照设定的标准，具象文化元素部分主要参照了神龙文化、汉字文化、诗文文化、民俗文化、武术文化五类文化类型；抽象文化元素的分类参照圣贤文化、思想文化、名流文化、英雄文化等文化类型，为便于广告创意实践，笔者将其归纳为人格哲学、家国情怀、人文精神三类抽象元素展开论述。

一、具象的中原文化元素

具象的文化元素，指的是具有可识别性、以实体形式存在的文化形态。本节所说的具象的中原文化元素，指中原文化中典型的、与其他区域文化具有显著差别的，并被中原文化乃至中华文化认可的具象的文化元素。为了能够直接将其运用于广告创意实践，笔者着重选取图腾、文字、民俗、戏曲、武术等五种类型作以论述，概纳其形成渊源，详述其基本特征。

（一）以龙为代表的中原地区的图腾

作为文化标志的图腾，是原始人群体的亲属、祖先、保护神的象征，是人类历史上最早的一种文化现象。在生产力低下与对自然无知的原始社会，原始人通过认定某种动物或自然物与本氏族有着血缘关系，而用其作为本氏族的徽号或标志。因而，图腾包括动植物、非生物甚至自然现象，其中以动植物为主。

中原文化以龙为图腾，源自上古时期的太昊部落。太昊部落活动于气候温暖、植被遍布的黄河中下游地区，面对束手无策又心存恐惧的毒蛇（即龙这一想象物的原初形态），人们由于畏惧而将其奉为神明。在黄帝统一黄河流域各部落之后，为凝聚各部落的思想和精神，其将龙作为新的部落图腾。在中原地区不同时代的文化遗址中挖掘出来的多种印有龙形的文物，印证着中原人民乃至中华民族经由夏、商、周乃至汉唐、明、清始终以龙为图腾。龙图腾还经由不同时期的华人外渡而传至海外。由中原地区产生并逐渐完善的龙的形象，成为中华民族的象征、中华文明的精神内核、中华民族团结的纽带和共同的精神支柱，其早已被赋予了超乎外在形体的符号意义，表征着智慧、勇敢、吉祥和尊贵。

（二）以甲骨文、宋体字为代表的中原地区的文字

汉字是传播与弘扬中华文化的重要载体。由于汉字产生及其发展的每一个重要阶段几乎都发生在中原地区，因而有“汉字文化史即中原文化史”一说。如甲骨文出土于河南；小篆笔祖李斯出生于河南；《说文解字》的作者许慎是河南人，并在家乡完成著述；“宋体字”产生于宋代的河南开封；活字印刷术也在河南开封发明。其中，最具代表性的是在河南安阳出土了中国目前已知的最早、体系较为完整的甲骨文。

甲骨文主要指中国殷商时期王室用于占卜记事而刻在龟甲与兽骨上的文字，上承原始刻绘符号，下启青铜铭文，是汉字发展的关键形态，现代的汉字很大意义上即由甲骨文发展而来。距今已有三千多年历史的甲骨文，是研究我国文字源流的最早、最系统的资料，现已被广泛应用于书法、印章、绘画等艺术创作领域，也成为文化创意中的重要创作元素来源。

如2007年中国元素国际创意大赛铜奖作品《奥运海报—宋体篇／楷体篇》，使用宋体字的构造方法与笔画的刻画方式，将二十九种比赛项目中运动员的独特造型进行形象生动地表现；《中国跳水》平面广告同样也是应2008年北京奥运会而作，其使用的创意元素则是以甲骨文中“人”字与“水”字的变形组合作为运动员跳水的姿势。独辟蹊径的创意，细致准确的表达，使这两幅作品均成为上乘之作。

（三）以少林功夫、太极拳为代表的中原地区的武术

武术在表面上看是以健身、御敌、竞技为外在形式与研习目的的修为方式，实质上，其更是一种人文文化与人体形态文化。也就是说，武术不仅仅是人体运动，而是有着更深刻的含义，如道教的以武练体、佛教的以

武参禅，都是借武悟道、以道演武，即使外在的修为最终深化为内在的对人生、对真谛的感悟，它们已成为中华民族的宝贵财富。

武术文化又称功夫文化，与其他区域文化相比，更是中原文化的鲜明特色，其以少林功夫与陈氏太极为典型代表。少林功夫的要旨是禅武合一，是中华武术的主要象征，也是外国人对中华文化与中原文化的主要印象之一。太极拳是结合易经学阴阳五行之变化、中医经络学、古代的引导术与吐纳术而形成的一种内外兼修、柔和轻灵的拳术形式。作为中华武术重要流派之一的陈氏太极，以强身健体、修身养性为主旨。

为2008年北京奥运会而作的形象广告《十八般兵器》是一则运用武术元素的广告佳作。传统的武术兵器主要包括刀、枪、剑、戟、斧、钺、钩、叉、鞭、锏、锤、抓、镋、棍、槊、棒、拐、流星锤等十八种，该广告创造性地将武器架上的兵器置换为网球拍、船桨、弓、球棒等十余种奥运比赛项目的器具，将武术元素巧妙地与奥运元素相融合，这是该广告成功的关键。

（四）独具特色的中原地区的民俗

民俗文化，泛指一个国家、民族、地区中的民众所创造、共享、传承的风俗生活习惯，是在群众生产生活过程中自发形成的一些物质的、精神的文化现象。民俗文化增强了民族的认同，强化了民族的精神，塑造了民族的品格，集体遵从、反复演示、不断施行，是民俗文化得以形成与发展的核心要素。

在饮食、服饰、起居、礼仪、信仰、节令、集会等方面，中原地区具有特色鲜明的民俗文化，这些民俗文化体现着中原地区社会生活风俗的繁复多彩、生动活泼，表达了黄河中下游流域人民追求美好生活的不同方式。由于中原地区的“中天下而立”的地理位置与历史地位，中原地区的民俗文化，如时序节令、奉祀祭祖、婚丧礼仪、生活起居等，对周边地区乃至边远地区，以及世界华人族群都产生了一定影响。

“门神”是典型的中原民俗的特色，是民间信仰的守卫门户的神灵，农历大年三十将其贴于门上，用以驱邪避鬼，其具有浓郁的生活气息。《汉字中国门神篇》平面系列广告将汉字笔画打散，并有目的地将这些笔画组合成门神图案，紧扣中原文化元素，代表传统民俗民风，增强了广告创意的美感与新鲜度。

（五）以豫剧为代表的中原地区的戏曲

戏曲是中华民族特有的民族艺术，由文学、音乐、舞蹈、美术、武术、杂技以及表演艺术等多种元素组合而成，是中华文化中的瑰宝。戏曲来自民间、扎根民间，戏曲演出与百姓的物质生活与精神生活息息相关，演出活动与民间习俗、风情、信仰、宗教相伴而生，因而，戏曲不仅是一种艺术形式，更是一种与人们思想、行为密切相关的生活方式，代表着民族的、地区的文化传统、历史积淀和宗教情感，并进而形成独特的民族的、地区的文化景观，也成为当今众多艺术表现形式，尤其是影视艺术表现形式的重要借鉴元素。

豫剧发源于河南省，主要流行于黄河、淮河流域，位列中国五大剧种之一、中国地方戏曲之首。豫剧艺术古今兼纳、刚柔并济、豁达宽厚，有中和之美，以唱腔的铿锵大气、抑扬有度、行腔酣畅、吐字清晰、韵味醇美、生动活泼、有血有肉、善于表达人物内心情感著称。尤其是豫剧根植中原，昂奋勃发的宏大气魄，雅俗共赏的审美效应，高亢激越、简洁明快的唱腔曲调，古今兼具、老少皆宜的表演风格，幽默诙谐、乐观向上的语言情趣，不难不涩、南北易懂的中州韵音，质朴无华、宽厚浩然的文化风貌，反映现实、贴近生活的大众格局等，皆体现着鲜明的中原文化的特质。

当前已有的运用戏曲元素的广告作品绝大部分都是以京剧为参照对象，也有部分借鉴川剧元素，而使用豫剧元素的广告作品并不多见，因而在广告创意中需要关注与研究豫剧相关元素。如郑州市的《三则形象》广告，即以豫剧中典型的三种角色的脸谱为造型，分别传达“谱不息，郑州意”“歌不尽，郑州情”“声不灭，郑州魂”的广告主题，具有非常独特的文化意蕴与地域特色。

除上述五类文化类型及其典型代表的文化形式之外，代表着中原地区社会贡献的农耕文化、商业文化、科技文化、医学文化，与代表着中原地区历史文化传统的史前文化、政治文化、姓氏文化，都带有鲜明的中原地域特色，成为中原地区甚至中华民族不可磨灭的文化印记。这些具象的文化类型及其中所蕴含的诸项文化元素，都已成为当今包括广告创意在内的文化创意产业中各类艺术形式直接或间接的元素来源，其使艺术表现更具生动性与吸引力，为艺术创意不断提供灵感。

二、抽象的中原文化元素

抽象的文化元素是与具象文化元素相对而言的文化元素形态，指的是偏离实体形式存在的、不具备外在可识别性的文化元素，大都属于涉及世界观、人生观、价值观等较高层次的精神文化的宏观范畴。此处所言之抽象的中原文化元素，是指具有数千年历史积淀、历经不同历史阶段的选择与批判性继承，被中原地区群众认同并广为传承的精神层面的文化元素。

上文所引述的十八类中原文化元素中，与抽象的中原文化元素相关的文化类型有圣贤文化、思想文化、英雄文化、宗教文化等类型。圣贤文化与思想文化密切相关，正是由于中原地区涌现出了许多文化圣贤，他们用他们的思想、为人们所敬仰的伟岸人格与丰富深邃的知识与思维，造就了对中原地区影响深远的思想文化与圣贤文化。老子、孔子、孟子、庄子、墨子、韩非子等先贤的生活、讲学、游说都与中原地区存在着密切的关系。可以说，中原地区孕育了先贤的思想，先贤的思想塑造了中原地区的文化。其社会作用体现在文化素养、文化格调与文化创造力的培养与塑造上。中原众多的思想家、哲学家、军事家、科学家、文学家和社会贤达与名士，对社会的历史进程与当时的社会风尚形成发挥了重要的影响。英雄文化则直接来源于中原人民对英雄人物的热爱与仰慕，英雄的传说、爱国而弃私利的史实经久传唱，塑造着中原人民的英雄情结与气概。中华民族的传统宗教文化的典型特征是儒、释、道的“三教合流”,“三教”的产生与发展都与中原地区息息相关。虽然宗教文化中也存在着一定的文化价值,但由于此文化类型极易陷入唯心主义的窠臼,且与实践中的广告创意相关性不大,此处不将其作为论述重点。

由此可以看出,经由历史考验与选择后的圣贤文化、思想文化、英雄文化等蕴含着积极向上的精神力量,这种正能量正是当今社会所必需的。上述文化内涵中存在着相关与相重叠的部分,又因上述含糊的分类不利于广告创意的直接应用,为便于实践中对中原文化元素的考量与参照,笔者将此上述文化元素再作以抽象整合,将其分为“人格哲学”“家国情怀”“人文精神”三部分加以论述。

(一)人格哲学

与中原地区相关的诸子百家思想,分别以“仁人”“圣人”“至人”等名词代表着各家的理想人格模式,“人格”一词是在近代时期才出现的。儒家的人格追求是“内圣外王”的理想境界,如《大学》所言:“物格而后知至,知至而后意诚,意诚而后心正,心正而后身修,身修而后家齐,家齐而后国治,国治而后天下平”,即通过自身内在的修为担负起匡济天下的使命,而儒家认为自我修为最重要的境界是“贵和尚中”。从汉代开始,儒家思想长期占据着正统地位,其人格哲学对中原人民产生了深远影响。

中原文化是一种根植于农耕文明的静态的文化类型,自古以来就强调和谐共生的观念,重视人与自然、人与社会、人与人之间的和谐,即“贵和”。“尚中”强调的是“中庸之道”,即要求人们能够自觉地进行自我监督与完善,以达到至善、至仁、至诚、至道、至德、至圣的理想境界,如《中庸》所言之“上不怨天,下不尤人”“行远必自迩,登高必自卑”“凡事预则立,不预则废”等。最能体现这种“贵和尚中”人格哲学的是“天人合一”。与西方文化强调的人要征服自然、改造自然不同,中原文化强调人与自然的和谐相处,在以中原文化为直根系的中国文化中,“天人合一”是一种核心文化精神。不论是儒家、道家还是其他学派，都以此解释宇宙的生成、人与自然和社会的关系，以及人的本质、人的道德修养等。

广告创意中运用代表这种“合”精神的典型代表是曾获得亚太广告节双项大奖的公益广告《还我山水》，其以中国传统泼墨山水画为构图手法，先以远景描绘壮美的自然景观，使人产生心旷神怡的观赏美感；继而镜头拉近，显露出隐藏于山水之间现代城市生活对环境产生的污染与破坏，如厂矿林立、废水横流、喧嚣的街道、污浊的空气等。前后景观的巨大反差令人触目惊心，能够唤起受众对美好自然遭受破坏的惋惜心情，引发受众对人类破坏环境行为的深刻反思。

（二）家国情怀

家国情怀是中原文化中宝贵的精神财富，是最为质朴的道德情操，千百年来鼓舞着中原儿女反抗压迫与侵略，维护国家与民族的尊严，投入国家建设，塑造着中原地区乃至中华民族的民族精神，如古人所言之“为天地立心，为生民立命，为往圣继绝学，为万世开太平”（《张子全书》）。家国情怀起源于中原地区长期的宗法制度及由宗法制度所形成的家国同构的社会格局。“宗法制度在中国根深蒂固，……‘鸡犬之声相闻，民至老死不相往来’的村舍构成中国社会的细胞群，而这些村舍中又包含家庭宗族与邻里乡党两大网络，由家庭而家族，而集合成宗族，组成社会，进而构成国家。”①宗法制度与家国同构互相影响、互为加强，推动并形成了中原人民与中华民族内心深处的“家庭—家乡—国家”的深切情感，与“修身、齐家、治国、平天下”的人格哲学与精神追求相呼应。对于中原人民来说，爱国即爱家，爱家即爱国。只有实现国家民族的整体利益，才有可能实现个人、家庭利益。

以在中央电视台播出的河南省形象广告《记忆中原，老家河南》为例，广告以一位老者的故地重游为线索展开叙事，略带“少小离家老大回”的感叹，以个人的视角向受众传达了河南多处山水景观及多项非物质文化遗

① 张岱年、方克立：《中国文化概论》，北京：北京师范大学出版社，2004年版，第274页。

产的视觉符号，更易使受众在潜移默化中加深认同感与归属感。广告片中展现了近20处自然景观与人文景观，有的规模宏大、气势磅礴，有的历史悠久、内涵丰厚，镜头上使用的也多是大气深邃的远景或全景，能够有效带动受众欣赏时的情绪变化。广告片整体画面的色彩基调以浅灰色为主，使每一帧画面都像一幅老照片，象征着记忆中的老家，也赋予了广告片稳重、大气、从容而略带历史沧桑的整体印象①。

（三）处世伦理

处世伦理关涉作为个人如何在社会上与他人相处，以及以何种世界观、人生观、价值观“入世”的哲学问题，属于宏大命题的论述范畴。中原文化中所包含的处世伦理，以儒家思想为主体，汲取多家思想的有益成分，强调“重礼”“尚德”“仁爱”“明信”。这些伦理元素都可以结合具体事例运用于广告创意之中，此处选取“志存高远”与“重义轻利”为例进行论述。

中原文化中关于“志存高远”的说法早在先秦的历史典籍中已有记载，如《尚书》所言“功崇惟志，业广惟勤”。春秋战国时期，诸子之言论对此也有所涉及，如《论语·雍也》中的“一箪食，一瓢饮，在陋巷，人不堪其忧，回也不改其乐”；《墨子·修身》中的“志不强者智不达”；等等。而陈胜所言的“燕雀安知鸿鹄之志哉”（《史记·陈涉世家》），屈原所言的“路漫漫其修远兮，吾将上下而求索”（《离骚》），则直接将志存高远的处世伦理上升到一种超脱世俗的道德境界。中央电视台形象广告《心有多大，舞台就有多大》就是运用这一精神元素的代表之作。广告所使用的富有激情的音乐、唯美的画面、优美的舞姿，极大程度上满足了受众的视听需求，而“心有多大，舞台就有多大”的广告词更是能引发受众内心深处的情感共鸣。

“重利轻义”探讨的是如何处理道义与功利的关系问题，儒家“见利思

---

① 参见杜研：《河南形象片“记忆中原，老家河南”的艺术特点》，《新闻世界》，2011年第10期，第177—178页。

义”思想、墨家的“以义取利”思想大致构成了中原文化中关于“重利轻义”的伦理要求，如《孟子·告子上》所言：“鱼，我所欲也；熊掌，亦我所欲也。二者不可得兼，舍鱼而取熊掌者也。生，我所欲也；义，亦我所欲也。二者不可得兼，舍生而取义者也。”这一抽象元素大多被应用于公益广告领域，如河南省纪委主办的“中原清风杯”公益广告获奖作品之一《人生如棋》，使用了围棋的具象元素，辅之以楷体书法、泼墨山水画等艺术表现形式，传达了“知辱耻，祛贪欲；树正气，执廉政”的广告主题，是中原文化抽象的精神元素“重义轻利”的代表，“中国风”的画面与警句式的文案将广告主题与文化内涵结合得非常完美，堪称典范。

参考文献

学术著作

[1]马克思恩格斯全集:第19卷[M].北京:人民出版社,1963.

[2]马克思恩格斯全集:第26卷[M].北京:人民出版社,2014.

[3]马克思恩格斯选集:第3卷[M].北京:人民出版社,2012.

[4]习近平.在纪念孔子诞辰2565周年国际学术研讨会暨国际儒学联合会第五届会员大会开幕会上的讲话[M].北京:人民出版社,2014.

[5]习近平.在文艺工作座谈会上的讲话[M].北京:人民出版社,2015.

[6]习近平.决胜全面建成小康社会　夺取新时代中国特色社会主义伟大胜利——在中国共产党第十九次全国代表大会上的报告[M].北京:人民出版社,2017.

[7]习近平谈治国理政:第3卷[M].北京:外文出版社,2020.

[8]中共中央党史和文献研究院.习近平新时代中国特色社会主义思想学习论丛:第5辑[M].北京:中央文献出版社,2020.

[9]十五大以来重要文献选编(上)[M].北京:人民出版社,2000.

[10]十七大以来重要文献选编(上)[M].北京:中央文献出版社,2009.

[11]徐光春.中原文化与中原崛起[M].郑州:河南人民出版社,2007.

[12]贾文丰.中原文化概论[M].郑州:中州古籍出版社,2017.

[13]李庚香.中原文化精神[M].郑州:河南文艺出版社,2007.

[14]罗国杰,马博宣,余进.伦理学教程[M].北京:中国人民大学出版社,1985.

[15]倪愫襄.伦理学导论[M].武汉:武汉大学出版社,2002.

[16]周中之.伦理学[M].北京:人民出版社,2004.

[17]张岱年.中国伦理思想研究[M].南京:江苏教育出版社,2005.

[18]王正平,周中之.现代伦理学[M].北京:中国社会科学出版社,2001.

[19]张岱年.张岱年哲学文选(上)[M].北京:中国广播电视出版社,1999.

[20]张岱年,方克立.中国文化概论[M].北京:北京师范大学出版社,2004.

[21]张汝伦.理性与良知:张东荪文选[M].上海:上海远东出版社,1995.

[22]蔡元培.中国伦理学史[M].北京:中国书籍出版社,2020.

[23]罗国杰.传统伦理与现代社会[M].北京:中国人民大学出版社,2018.

[24]苏智良,陈恒.中国历史与传统文化讲演录[M].北京:商务印书馆,2013.

[25]梁漱溟.中国文化要义[M].上海:上海人民出版社,2011.

[26]梁启超.先秦政治思想史[M].北京:商务印书馆,2017.

[27]李泽厚,刘纲纪.中国美学思想史——先秦两汉编[M].合肥:安徽文艺出版社,1999.

[28]冯友兰.中国哲学简史[M].赵复三,译.成都:四川人民出版社,2020.

[29]张岱年.张岱年全集:第6卷[M].石家庄:河北人民出版社,1996.

[30]梁启超.儒家哲学[M].长沙:岳麓书社,2010.

[31]檀传宝.德育原理[M].北京:北京师范大学出版社,2010.

[32]陈万柏.思想政治教育载体论[M].武汉:湖北人民出版社,2003.

[33]劳伦斯·格罗斯伯格.媒介建构:流行文化中的大众媒介[M].祈林,译.南京:南京大学出版社,2014.

[34]沃尔特·李普曼.舆论学[M].林珊,译.北京:华夏出版社,1989.

[35]扬·阿斯曼.文化记忆:早期高级文化中的文字、回忆和政治身份[M].金寿福,黄晓晨,译.北京:北京大学出版社,2015.

[36]费孝通.乡土中国·生育制度·乡土重建[M].北京:商务印书馆,2011.

[37]殷海光.中国文化的展望[M].北京:中国和平出版社,1988.

[38]马克斯·舍勒.人在宇宙中的地位[M].李伯杰,译.贵阳:贵州人民出版社,2000.

[39]陆建华.荀子礼学研究[M].合肥:安徽大学出版社,2004.

[40]朱力宇.依法治国论[M].北京:中国人民大学出版社,2004.

[41]张国兴,史娜.当代中国社会转型与价值观嬗变[M].北京:中国社会科学出版社,2012.

[42]吴来苏,安云凤.中国传统伦理思想评介[M].北京:首都师范大学出版社,2002.

[43]冯契.中国近代哲学的革命进程[M].上海:上海人民出版社,1989.

[44]梁启超.梁启超全集:第7册[M].北京:北京出版社,1999.

[45]中国李大钊研究会.李大钊全集:第4卷[M].北京:人民出版社,2006.

期刊论文

[1]习近平.在黄河流域生态保护和高质量发展座谈会上的讲话[J].实践(思想理论版),2019(11):5-9.

[2]薛瑞泽.中原地区概念的形成[J].寻根,2005(5):14-16.

[3]王兴亚.中原地域称谓的由来及其地域范围的嬗变[J].石家庄学院学报,2015(4):17-28.

[4]宋朝丽,汪振军.构建中原学基本理论体系探析[J].河南社会科学,2019(11):9-15.

[5]尧新瑜."伦理"与"道德"概念的三重比较义[J].伦理学研究,2006(4):21-25.

[6]王冬桦.为伦理与道德的概念及其关系正本清源[J].首都师范大学学报(社会科学版),2011(2):119-124。

[7]刘庆柱,韩国河.中原历史文化演进的考古学观察[J].考古学报,2016(3):293-318.

[8]王保国.论中原文化道、儒、法、释思想内核的形成[J].华北水利水电学院学报(社科版),2006(4):12-15.

[9]陈隆文.中原与儒家思想的形成[J].河南社会科学,2017(1):117-122.

[10]赵凌宇.佛教与中原文化[J].中央社会主义学院学报,2009(3):104-107.

[11]董群.汉传佛教的和谐伦理思想研究[J].道德与文明,2007(6):24-28.

[12]周全德,齐建英.论中原伦理精神的基本内涵及其创造性转换[J].学习论坛,2006(2):61-65.

[13]陈运香.萨丕尔-沃尔夫语言相对论对语言文化对比研究的启示[J].西安外国语学院学报,2007(1):28-31.

[14]程遂营.从"天下之中"到"中庸之道"——河南"中"文化现象解读[J].中原文化研究,2015(1):88-94.

[15]田文军.道德的中庸与伦理的中庸[J].武汉大学学报(哲学社会科学版),2004(5):599-605.

[16]迟成勇.论中庸的伦理意蕴[J].西华大学学报(哲学社会科学版),2007(1):35-38.

[17]杨翰卿.中原文化的和谐精神[J].学习论坛,2006(11):63-67.

[18]高秀昌.《老子》"无为而治"思想阐释[J].社会科学研究,1995(1):70-73,69.

[19]宋豫秦.从比干崇拜的嬗变论中原"义文化"之源流[J].中原文化研

究,2016(2):94-97.

[20]胡爱玲.中原传统文化语境中的“正义”[J].河南社会科学,2011(3):179-181.

[21]周小苑,岳小乔.习近平的黄河足迹[J].决策与探索(上),2019(10):7-8.

[22]马文琴.加强中小学中华优秀传统文化教育的有效策略[J].教学与管理,2016(18):45-48.

[23]季中扬,胡燕.当代乡村建设中乡贤文化自觉与践行路径[J].江苏社会科学,2016(2):171-176.

[24]刘杨,李莎莎.“一带一路”背景下中原文化“走出去”策略体系建构研究[J].中州大学学报,2019(1):74-77.

[25]彭兆荣.共同体叙事:在真实与想像之间——兼说京族的故事[J].百色学院学报,2015(3):71-78.

[26]陈治桃.儒家文化与当代和谐社会建构[J].广州社会主义学院学报,2010(2):48-52.

[27]吴捷.我国传统家庭教育的价值取向及现实意义[J].徐州教育学院学报,2006(1):86-88.

[28]李德顺.谈谈当前的价值观念变革[J].学习与研究,1993(8):6-8.

[29]戴木才.论社会主义核心价值观与核心价值体系的辩证关系——中国特色社会主义核心价值观探索之一[J].南昌航空大学学报(社会科学版),2011(2):1-8.

[30]韩震.“民主、公正、和谐”体现了社会主义的核心价值追求——兼论社会主义核心价值观的凝练及其原则[J].红旗文稿,2012(6):8-12,1.

[31]王蓉,渠彦超.论作为社会主义核心价值观的自由[J].南京工程学院学报(社会科学版),2018(3):28-34.

[32]李振宏.先秦时期“社会公正”思想探析[J].广东社会科学,2005(6):97-104.

[33]李河水.简论儒家文化对“爱国敬业诚信友善”价值观的涵育[J].学

校党建与思想教育,2016(15):37-38,42.

[34]肖群忠.敬业精神新论[J].燕山大学学报(哲学社会科学版),2009(2):28-32.

[35]本刊编辑部.用文化力量提速中原崛起——“华夏历史文明传承创新区”建设座谈会摘要[J].协商论坛,2012(2):6-13.

[36]靖恒昌.对河南文化产业发展的几点思考[J].中国市场,2006(13):14-15.

[37]李光.以产业化推进河南文化强省建设[J].河南科技大学学报(社会科学版),2010(3):78-83.

报　纸

[1]徐光春.中原文化与中原崛起[N].河南日报,2007-02-07(8).

[2]李庚香.准确把握黄河文化与中原文化的关系[N].光明日报,2020-08-21(11).

[3]牛建强,姬明明.源远流长:黄河文化概说[N].黄河报,2017-07-11(4).

[4]苗长虹,艾少伟,喻忠磊.黄河文化的历史意义与时代价值[N].河南日报,2019-11-01(9).

[5]吴漫,王博.弘扬黄河文化传承历史文脉[N].河南日报,2019-11-20(10).

[6]完善中华优秀传统文化教育指导纲要[N].中国教育报,2014-04-02(3).

[7]李铮,张海涛.抓住黄河流域生态保护和高质量发展机遇　加快文化旅游大省向文化旅游强省转变[N].河南日报,2020-05-12(1).

[8]郑娜,苗春,赖睿,等.习近平与中国文化遗产保护[N].人民日报·海外版,2002-05-19(7).

[9]中共中央办公厅.关于培育和践行社会主义核心价值观的意见[N].

人民日报,2013-12-24(1).

[10]建设好生态宜居的美丽乡村　让广大农民有更多获得感幸福感[N].人民日报,2018-04-24(1).

后　记

作为高职院校的教师，我经常听到同事们提起课题申报的困难，如主管部门下发给高职院校的名额太少；论文投稿的时候，很多核心期刊明确指出不收高职院校来稿；对外交流的时候，也会遇到或隐或现的“歧视”等。在这样的学术环境下，我们又该如何做呢？

时间是挤出来的，文章是写出来的！自从获得讲师职称后，我每年给自己制订“科研攻关”计划，每次课题申报我都积极参与，每一篇值得撰写的文章都仔细打磨。五年时间里，我主持完成省级课题一项、厅级课题四项，发表中文核心期刊五篇、CSSCI集刊一篇，并顺利通过副高职称晋升。

在这些所谓的成绩背后，我也清晰认识到自己的短板，如缺乏学术沉淀，功利心较强；在进行科研时，急躁情绪时有发作；科研浅尝辄止，缺乏更加明确的发展目标等。想要获得真正的进步，还有很长很长的路要走。

最值得高兴的是，我们在这几年的学术积累中形成了一个学术团队。王留番、孙夏卿、赵慧彩、马培，都是我们这个学术团队的成员。在大家的努力下，我们成功申报了一个又一个课题，完成了一个又一个项目。在这几年的时间里，大家都获得了一定的发展。在学术道路上，尤其要感谢始终关注、帮助我们成长的叶爱欣教授，我们每一个课题的申报都离不开她的鼓励与指导；同时也要感谢学校的支持，在周宝全校长的带动下，学校科研学术氛围越来越浓厚，对科研支持力度也越来越高，这为教师创造了前所未有的良好发展条件。

本书是2018年度河南省高等学校青年骨干教师培养计划“新时代中原传统伦理的创新发展研究”（2018GGJS-287）的研究成果。项目申报之时，自己还只是讲师职称，对于能否成功，心里没有底气；加上不小心摔伤脚踝、导致骨裂在家休养，一度想要放弃。教务处的陈静处长给我以很大鼓励，安排其他老师协助我办理申报事宜；人事处的刘静处长帮助我分析申报材料，提供申报建议。两位处长的无私帮助，助我最终完成申报并获得项目立项。

本书的选题、框架设计由我完成，主要内容由王留番、赵慧彩和我一起完成。具体分工如下：第一章、第二章、第三章第二节、第六章由我完成，总字数为11.5万字；第三章第一节、第五章由王留番完成，总字数为5.5万字；第三章第三节、第四章由赵慧彩完成，总字数为6.5万字。

虽然完成了书稿，但我们深知本书还存在许多不足，如中原伦理部分的论述不够深入，文化传播部分的创新性也有较大的提高空间，如何能够将理论与实践真正地结合起来，提出更有针对性的策略，也没有完全达到预期的目的。这些问题，我们会在后续的学习与研究中逐步完善，希望围绕这个选题，我们能够获得更多有价值的研究成果。

刘东阳

2021年1月30日